家里家外

JIALIJIAWAI

神仙小柚◎著

山西出版集团
北岳文艺出版社

图书在版编目（CIP）数据

家里家外 / 神仙小柚著. —太原：北岳文艺出版社，
2008.10
  ISBN 978-7-5378-3114-7

  Ⅰ.家… Ⅱ.神… Ⅲ.长篇小说—中国—当代 Ⅳ.
I247.5

中国版本图书馆 CIP 数据核字（2008）第 157441 号

家里家外
神仙小柚著

*

山西出版集团·北岳文艺出版社出版发行
太原市并州南路 57 号
www.bywy.com
北京嘉业印刷厂印刷

*

开本:787×1092   1/16 印张:15   字数:227 千字
2008 年 10 月第 1 版   2008 年 11 月北京市第 1 次印刷

*

ISBN 978-7-5378-3114-7
定价:24.80 元

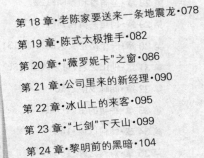

CONTENTS
目录

CONTENTS
目录

烈火烹油，鲜花着锦

方笑薇四十岁的生日是在四星级的天伦王朝大饭店里度过的。

依方笑薇的性格，最好是一家三口坐在一起，在家里安安静静吃一顿饭，像前面所过的三十几个生日一样，无所谓庆祝不庆祝，一家人在一起怎么都好。到了大饭店里，被众人簇拥着，风光是风光，但人反而拘得慌。

但老公陈克明执意要大办一次，理由是要补上十七年前寒酸婚礼的亏空。

方笑薇也只能由他，反正在这个家里，挣钱出粮的就是他，只要不触到方笑薇的底线，可以说陈克明要怎样就怎样。但方笑薇的底线在哪里，她好像自己一时也说不清楚。结婚以来，两人之间的斗争一直都是她在妥协和让步，渐渐地，方笑薇的锋芒都收藏起来了，棱角也都被磨平了，她从一个天真骄纵、不谙世事的女孩变成了一个气度从容而胸有城府的女人。岁月让她变得圆润，变得淡定，但也让她失去了最初的单纯和娇嫩。

和陈克明夫妻十几年，彼此都清楚对方的喜好是什么，对方的软肋又在哪里，什么事又是对方绝对不能容忍的，这一切都不用说出口，只消给一个眼神对方就能明白。但同时也有很多事是不能认真细究的，尽管方笑薇放过了，哪怕心存芥蒂，但永远也不会向陈克明去问个明白，这就像方笑薇少时读过的一首《八至》诗："至近至远东西，至深至浅清溪；至高至明日月，至亲至疏夫妻。"

生日晚会如同方笑薇料想的一样热闹非凡。陈克明把她的父母和弟弟、妹妹以及闺中密友马苏棋这几家人都请来了，老老少少二十多个人，定了一个豪华的包厢，坐了两桌才坐下。陈克明商海沉浮十多年，自然有本事调动气氛，把这一干人等哄得高高兴兴又服服帖帖，全都听他指挥。

席间，服务员端着用各种圆的方的、大碗小碟盛放的菜鱼贯而来，又是大闸蟹，又是带子扇贝，又是鱼翅羹，人人都很满意。女儿陈乐忧是自小就见惯这些富贵的，哪里稀罕吃这些华而不实的东西，才吃了几筷子就嫌油腻。在座的第二代又都是些刚上小学或幼儿园的小屁孩，跟她这个高中生根本没有共同语言，看在老妈的面子上，陈乐忧勉强多坐了一会儿就要到大堂溜达去。

方笑薇让她穿上外套就随她去了，反正这个女儿从小就懂事，学习优秀，小提琴拉得极好，轮滑也滑得很棒，待人接物又得体周到，样样显得都比别的孩子强。更难得的是在方笑薇刻意的教导下，没有养成时下有钱人家二世祖那种骄娇二气。在方笑薇心里，陈乐忧是她此生最好的作品。

盛宴的高潮在陈克明将一串车钥匙交到方笑薇的手上时到来。方笑薇抬头，陈克明笑着一把拉起她，在她耳边轻声说："老婆，祝你生日快乐！"

方笑薇有些不习惯在大庭广众下亲热，总觉得有作秀的嫌疑，现在陈克明这样，她也不好说什么，只微微一笑，也随着众人热切而艳羡的目光看向门外，一辆适时地由饭店保安刚开来的白色宝马正停在那里。不用说，这就是她四十岁的生日礼物了。方笑薇高兴之余又有些不解：去年不是刚给她换的帕萨特吗，怎么才过没多久又买来一辆宝马？不过，面对这份大礼，方笑薇无法不感动，不是所有女人都能在四十岁时收到老公送的宝马车的。陈克明肯送，代表他还把方笑薇当作自己最爱的女人。一个女人有这样变相的承诺应该满足了。于是，她把疑问存在心里，同时响应大家的呼声，在陈克明面颊上一吻，低声说谢谢。于是宾主尽欢而回，除了父母，各家都有车，因此也不必再把人一一送到家，只要把父母送回去就可以。

由于陈克明晚上还有应酬，方笑薇只让他把女儿送回家再走，自己开着车送父母。方母心满意足地说："老大，还是你有眼光。嫁得好比什么都强，隔壁那个老王家的小三儿跟你一般儿大，过得可比你差远了，嫁了个工人，不到四十岁两口子就一起下岗了，一家人靠给人修自行车擦皮鞋生活。谁能想到呢？当年看着不起眼，要什么没什么的穷小子陈克明就硬是发起来了。笑薇，你可得留心点。"

方笑薇正在胡思乱想，听到方母的话一愣："我留心什么？"

方母慢慢地说："留心别让那些野女人钻了空子。现在多得是要钱不要脸的女人，就算陈克明不去招惹，以他现在的身份地位，也有得是人巴巴地黏上来。你不留心，到时候闹出大乱子你怎么办？是离还是不离？为了乐忧，你也要小心点！"

方父不满地看她一眼："哪有你说得那么严重？女婿不是这种人！我们薇薇也没那么缺心眼。不过薇薇，你妈说得也有道理，现在这社会，难说啊。"

方笑薇心说，绕来绕去还不是要我把陈克明看紧点。她懒得解释，反正在父母跟前一向随意惯了，再怎么过分父母也不会介意。

快要到家的时候，方母突然想起一件事来："薇薇，顾欣宜有没有跟你说她弟弟的事？"

顾欣宜是方笑薇的弟媳妇，结了婚就另外过，没有和方母住在一起。顾欣宜嫁给她弟弟七年了，两人有一个五岁多的孩子，已经上幼儿园了。不过，从顾欣宜怀孕起，方母就借口自己体虚有病不肯给顾欣宜带孩子，并且说到做到，只在孩子出生后送了两千块钱，然后就一切甩手交给亲家母了，为此人前人后顾欣宜都颇有怨言。

不过，顾欣宜会看人眼色，嘴巴也乖巧，对她这个宛若财神奶奶的大姑姐一向是笼络有加的，平时大姐长大姐短地叫得比自家的弟弟妹妹还要亲热，跟方笑薇处得也不错。只不知这次顾欣宜有什么事，要是难办的话，下次她打电话时就先拿话堵住她的嘴，不让她开这个口。

方笑薇想到这儿忙问："是什么事？麻烦不麻烦？"

方母不屑地说："还不是她那个宝贝弟弟大学毕业了要找工作的事。一门心思想进税务局又进不去，全家人正急得没法儿呢，不知从哪里打听了女婿跟税务局的人有来往，想让你在女婿跟前说一声，帮他们牵个线搭个桥，让他们能混上见领导一面,不然他们拎着猪头都找不着庙门。"

方笑薇听着方母形象的比喻"扑哧"一笑,心里有数了,这事说容易也不容易,说难办也不难办,就看是谁去办了,到时候再看情况吧。

正聊着,车子已开上了辅路,又拐上了通往父母住地的小路,最后开到一幢老楼前停下。方笑薇打开车门让父母下车,又说:"爸妈,这事儿我心里有数,你们就别管了。"

方母身体肥胖下车不便,她一边挪身体一边叮嘱:"薇薇,这事要是麻烦就别管了,上次顾欣宜跟我说的时候,我就已经回了她了。别总拿咱家的破事让女婿去办,人家也忙,没那个时间,再说,别让人觉得就咱家事儿特多。"方笑薇答应了一声,把车开走了。

回到家的时候,方笑薇看了看表已经是十一点了,她把车开到车库,里面只有她原先的那辆帕萨特,陈克明的奔驰不在,应该人还没回来,抬头看看,女儿房间里还亮着灯。她锁了车,打着哈欠上楼,路过女儿的房间时进去看了一下,女儿不知在看什么,一边看一边笑。方笑薇没有去打扰她,只说了句让她早点睡,明天还要上学就离开了。

洗完澡,全身保养完,最后换上苏绣的真丝睡衣,方笑薇躺在床上的时候才有时间好好把今天回想了一遍,觉得陈克明有点怪,但哪里怪又说不上来,她索性不去想了,在心里默默地对自己说:"四十岁生日快乐。"

陈克明半夜回家时,方笑薇已经坠入了甜蜜的梦乡。他洗漱完毕,半躺到床上的时候,第一次端详起妻子的睡颜,不由得感叹,怎么她就这样好命,从来不会闹失眠忧郁症,熟睡得像个孩子一样。都四十岁的女人了,皮肤仍旧白皙光滑而且富有弹性,露在被子外面的手臂见不到一丝赘肉,他知道藏在被子底下的身体也一样,腹部还没像他一样长出厚厚的脂肪圈来,她仍旧像少女时代一样让他心动,只是随着年龄的增长,她变得更成熟更理性。陈克明摸着她的手臂躺下去,方笑薇立刻像有知觉一样自动靠过来,找了个合适的位置,窝在他的怀里,因为熟睡而舒展的脸上全是满足的神情。

陈克明轻笑,搂住她的腰,一起坠入梦乡。

全职太太也有境界之分

　　方笑薇正在跑步机上汗流浃背的时候，放在旁边毛巾堆里的手机忽然响了。这是她的习惯，不管是购物也好，美容也好，健身也好，她都要把手机带在身边，方便别人随时联系她。

　　她从跑步机上下来，趁势拿起毛巾，一边擦汗一边接电话。电话是陈克明打过来的，要她晚上开车到银街这边的一个饭店，和他在北京的几个老同学一起聚会。至于女儿怎么安排，一向不在陈克明的考虑之列，反正方笑薇会把女儿安排妥当。再说，女儿也上高中了，十六岁的少女怎么安排还需要他来说吗？

　　方笑薇放下电话，勉强压抑那点淡淡的烦躁情绪，开始不动声色地收拾东西，准备回家。旁边的教练小周看她一副没情绪的样子，也不和她多说笑，只约了下次健身的时间然后关照了几句就离开了。

　　沐浴完毕穿上干爽的衣服，方笑薇的心情才好点。其实，从内心来说，她对陈克明安排的这种聚会十分厌恶。陈克明在北京的同学并不多，加上他才四个，而且都成了家，除了范立是离婚再娶外，其他还都是原装正配。方笑薇并不讨厌范立，说实话，在这三个人中，范立的新婚妻子吴浅浅给她的印象还要好点，其他两家的太太都是说不出的感觉，要不就傻不棱登，说话不经大脑，要不就嫉妒夹杂着傲气,说话不阴不阳的。一次聚会下来,方笑薇那种不舒服的感觉要持续好几天。

等她回家换好合适的衣服,又化好淡淡的妆后,时间已经悄悄地过去好久,接近五点了,再不出发就要赶上下班高峰了。方笑薇把钥匙钱包都一股脑地收进 LV 的皮包里,然后下楼开上陈克明送她的白色宝马赶到饭店。

陈克明照例还没有到,其他的三家人都已经到了,正随意地坐在包厢里聊天。范立坐在正对门口的位置,看见方笑薇走进来,他率先站起来跟她打招呼,旁边的一个年轻女孩子是吴浅浅,她也站起来叫了她一声"薇姐",其他的人也都站起来,招呼了一下客气了一番又坐下了。

方笑薇脱下大衣,把手包放在桌上,然后才坐下。李庆文的老婆叶小丽眼尖,瞭到了她刚买不久的 LV 皮包,马上轻轻地"哼"了一声,似笑非笑地说:"笑薇,你这个包是 LV 的吧,怕是要上万了吧?"

方笑薇迅速地打量她一眼,看得出来,叶小丽今天还刻意打扮过了,盘了头,化了淡妆,上身穿着黄色紧身毛衣,下面配黑色短裙,衣服还算得体,只一双红色坡跟鞋漏了她的底。方笑薇心说,怎么不穿一双黑色的靴子呢?这双红鞋子配着粗腿多难看,弄得全身都不协调。不过方笑薇才不会去多这个嘴,穿着打扮是个人行为,有的人你就算一五一十地指点她,她不但不领情,相反还会记恨你。叶小丽就是这种人,尖酸刻薄又眼高手低。

方笑薇知道她是什么意思,无非是女人家的那点小肚鸡肠妒忌心理在作怪,她心里十分不屑,但面上依旧微笑:"是啊,克明前些日子出国顺便带回来的。多少钱我可不知道。"

苏朝阳的老婆单珊戴着高度近视的眼镜,听到叶小丽的话,赶忙把方笑薇的皮包要过来仔细看了一回,然后才半是羡慕半是含酸地感叹道:"还是笑薇命好,嫁了个有钱的老公就什么都有了。不像我们,要什么没什么,这种奢侈品,连想都不敢想。"

单珊一言既出,在座的三个男人都变了颜色,叶小丽也十分不悦。方笑薇注意到了,暗地里笑单珊好不懂人情世故,这种话是在这种场合能说的吗?整个一个缺心眼子，一下子得罪了一屋子人还不知道。瞧瞧她什么打扮，还是老师呢，跟外面菜市场卖菜的中年妇女差不多，自生产后身材就没有变瘦过，发福得像扇门板。到这种大饭店来聚会也不修饰打扮一下，依旧顶住一头乱蓬蓬的不知是哪一年烫过的头发，衣服还是样式古板、颜色怪异的款式，穿在她身上就像一麻袋土豆放在凳子上。

方笑薇马上轻描淡写地说："我嫁陈克明的时候，他还是个在政府机关不得志的小公务员，哪是什么有钱人啊？要不是我们俩一起下海，现在过成什么样子还不知道呢。"

吴浅浅在这种原配夫人的场合没有插嘴的余地，不知范立为什么要带她来，叶小丽根本不屑跟她讲话，搞得她跟个第三者似的名不正言不顺的，一直不尴不尬地坐在那里当壁花。

方笑薇刚说完，陈克明就到了，服务员给他打开包厢的门，他大踏步地走进来。方笑薇连忙站起来，接过他手中的大衣帮他挂到衣架上，又接过他手里片刻不离身的手包，跟自己的放到一起。这一切方笑薇做起来十分自然，范立不由得打趣道："克明，笑薇这么贤惠，你可真是有福了。"

陈克明一边坐下，一边也笑："所以啊，我家里的事都是笑薇说了算的。我懒得操那些闲心。她人聪明又能干，样样都处理得妥妥帖帖的。"

叶小丽马上来一句："那也要有那么多时间才行啊。我要是一个月不上班，家里就该没有隔夜粮了。"

方笑薇心里气恼，这叶小丽什么意思？翻来覆去的不就是讽刺她不上班在家做全职太太吗？全职太太也有境界之分，叶小丽又能懂多少？方笑薇做这么多年全职太太，上得厅堂，下得厨房，陈克明一个电话，方笑薇就可以穿戴妥当跟他一起参加应酬，一点不会给他丢脸；陈克明简单交代几句，方笑薇就可以适时地安排，做出一大桌子清淡家宴招待上门来的重要客户，这些，换她叶小丽来试试，首先她穿着打扮的品味就过不了关！现在在这儿不咸不淡地老说这个有什么意思？莫非陈克明请客换来的就是这样的讽刺？把她和陈克明当什么人了？冤大头吗？方笑薇想回敬她几句，又懒得跟她计较，心想算了，这么不上道的人，以后懒得跟她打交道,见面只当隐形。

吴浅浅见叶小丽处处针对方笑薇,也过意不去,适时地插了句嘴:"不工作也有不工作的难处,也不是人人都能像薇姐那样能干的。"方笑薇看了她一眼,算是承她的情。叶小丽见状还要再开口,李庆文马上瞪她一眼,拿话岔开:"克明,最近在忙什么? 都有小半年不见你了。"

李庆文和他老婆叶小丽都在国企大公司上班,不过不在同一个部门,因为没什么过硬的本事和人脉关系,两口子都没有获得升迁,一直都是在底层不上不下地混着。但大公司福利待遇好,李庆文和叶小丽两口子结婚多年又没孩子,日子过得还算可以,房子小点但属于福利分房,没花多少钱就买下来了,最近又贷款买了辆车子。

苏朝阳是他们中混得最不如意的,两口子都是老师,还是没什么油水可捞的政治和历史老师,教的不是时下热门的语数外理化等主课,连个校外补习兼差的机会都没有。两口子就靠这点死工资,还要养活一个读高中的儿子和在老家种地的父母,日子过得紧巴巴的。

范立则是他们中间的异类,一个天生不安分的人,没有固定工作,但名片拿出来都吓死人,一会儿是电视台的广告总监,一会儿是报社的发行总经理,但没有一个长久的。四十多岁的人了,还那么能折腾,再娶的老婆比他小十五岁,也不知使了什么手段哄骗上手的。不过,这几个人里,就范立还能入方笑薇的眼,说话风趣幽默,举止进退合宜,一副风度翩翩的样子,跟那两个人言谈举止间透出的一股市侩气截然不同。

席间都是男人们的话题,方笑薇没有多说话,只是体贴周到地照顾三家的太太。这种饭局不用脑子想都知道,肯定是陈克明买单,方笑薇都习惯了。范立有时候还客气推让一番,李庆文和苏朝阳连假装拿钱包结账的动作都不做,一副事不关己的样子,账单来了就指引小姐往陈克明那里递,做男人做到这个份上就算可以了。

方笑薇十分庆幸自己当初是跟陈克明结婚,陈克明是那种就算兜里只有十块钱,也会用八块钱来请客吃饭的人。方笑薇当初就是看中了他的豪爽和仗义疏财，尽管结了婚没少为这个吵架，但她骨子里还是看不上抠门吝啬的男人，要是遇到的是这种男人，她就该去撞墙了。

女人的话题永远是围着老公孩子以及家里的柴米油盐打转。方笑薇主动挑起话头说教育孩子的苦和乐，其实陈乐忧哪里用她苦恼，满足一下别人的虚荣心而已。单珊只有说起儿子才眉飞色舞，一副莫大骄傲的样子。她的儿子没花什么择校费就自己考上了重点中学，而且学习成绩还不错，她确实有值得骄傲的本钱。

叶小丽和吴浅浅没有孩子，听这些妈妈经听得没滋没味，叶小丽几次要打断她，方笑薇都适时地把话接了过去，让单珊继续发挥，因为方笑薇不想听叶小丽说些尖酸刻薄的话，碍于身份和涵养，她又不能回敬，只有让叶小丽免开尊口。终于单珊的话告一段落，方笑薇看吴浅浅坐着不言不语，很沉静的样子，有心和她结交，就挑了些她爱听的话说，果然吴浅浅把她引为知己，跟她聊得很热络。

叶小丽从头到尾就没有说话的余地，几次要说都被单珊打断，早就积了一肚子气在那里。方笑薇暗笑，心想你也有今天。她懒得去迎合叶小丽，就让她生气去吧，看死叶小丽和李庆文没有大出息，将来也帮不上陈克明的忙，应付她干什么，还不如集中精力和吴浅浅说说话，至少心里还舒服点。

看吴浅浅举手投足的样子，方笑薇猜测她不会是小家碧玉，父母一定是略有身份的人，不是大干部就是大知识分子。她旁敲侧击地问了一下，果然，吴浅浅的父母是经贸委的大干部，方笑薇心里立时有了数，原来陈克明醉翁之意不在酒，这顿饭曲里拐弯请的是吴浅浅，因为吴浅浅的父母正好管着他的批文。

她心里埋怨了他一下，怎么事先也不跟她通一下气，让她有个方向？幸好还来得及。方笑薇有心说出几番话后，吴浅浅简直对她非常崇拜，怎么方笑薇懂得的东西就那样多？到底小女孩年轻单纯不知世事，饭局结束的时候，吴浅浅口中的"薇姐"已经不是单纯的称呼了，她是真心将方笑薇当成可以聊得来的一个姐姐。

陈克明是让秘书开车送来的，到了饭店就让秘书把车开走了。吃完了饭，他坐在方笑薇的车里,方笑薇对他没有什么好脸色:"以后别老让我应付你那帮同学!你自己看看都是些什么嘴脸!"

陈克明在人后就放松了,几乎是涎着脸赔笑着说:"这是最后一次,没有下次了。这次要不是为了请吴浅浅,怎么也不会把其他两个叫上。你不是都看出来了吗?"

方笑薇气恼未平,依旧恨恨地说:"事先也不告诉我,要是我弄巧成拙怎么办?"

陈克明把头靠在椅背上笑:"我老婆怎么会这么拎不清。李庆文和苏朝阳的那两个傻老婆拍马也追不上你。唉,想当年,我们四个人号称历史系四大才子,单珊和叶小丽也没有如今这样面目可憎,都还是才子佳人的。都是岁月惹的祸啊!"

方笑薇不由得笑他怀旧的口气:"什么才子佳人,整个儿一群市侩!面目可憎!老公,好汉不提当年勇了。你看你现在,还是当年那风度翩翩的才子华安吗?肠肥脑满的华太师还差不多。肚子上一圈肥油,掉到海里都不用救生圈。"

陈克明继续摇头晃脑地说:"别说我了。现如今,这佳人都做了贼啊。只有我老婆,永远都是那么聪明漂亮,让老公我人前特有面子。我上辈子是积了什么福啊,娶了这么好的老婆。"

方笑薇啐他,说他越说越没正形,但心里可是舒服多了,于是继续开着车跟陈克明一路闲聊回家。

真正的股评专家就藏在自己身边

　　当女儿抓着书包从楼上急匆匆地跑下来的时候，方笑薇正在开放式的厨房中忙碌着为全家人准备早餐。全家只有三个人，但早餐得预备三份不同的。方笑薇自己是千篇一律的减肥餐，全麦面包两片，脱脂牛奶一杯，只比李子大一点点的姬娜小苹果一只，营养丰富但淡而无味，方氏独创。

　　陈乐忧因为好奇尝了一次就发誓再也不吃了，反而追问为什么方笑薇吃这么多年也不腻。方笑薇只是笑而不答，如果单纯为了满足口腹之欲而让自己恣意地发胖，她是绝对不能忍受的，所以她到大街上看到那些移动的胖油桶们，心里十足地鄙夷。

　　陈克明平时西餐中菜换着样地吃，但骨子里还是改不了出身草根阶层的特性：早餐总是一碗白粥，一碟咸菜，另外再加几个包子或馒头花卷。为了增加营养，方笑薇总还要给他再拌两小碟凉菜，豆腐丝、海带丝或腐竹花生什么，都不是什么贵重的吃食，但陈克明就是喜欢，除了出差在外，他基本上总是在家里吃早餐。

　　以前陈克明还爱就着甜甜的豆浆吃油条，趁着方笑薇不注意就把白糖当水放，方笑薇说了他多少次也不改，直到有回体检陈克明被查出血脂高之外还有脂肪肝,方笑薇就再也不给他准备豆浆油条了,他只好遗憾地看着别人吃。

女儿陈乐忧在生长发育期,正是对自己的身体特别敏感的时候,一点点发胖的东西都不多吃,营养又不能少,还要注重口味,简直是个挑剔的大麻烦。方笑薇嘴上埋怨,但心里还是赞同女儿的挑剔的,她有这个条件,也有这个本钱,挑剔一点算什么?女孩子没出嫁前就应该娇养,过精致一点的生活。要不然以后嫁了人,不管嫁到多好多有钱的人家,操心费力甚至受苦受累也是免不了的。

方笑薇把女儿的早餐端到她的位置上,陈克明才匆匆地尾随着女儿一起下来。陈乐忧跟父母打个招呼,先将父亲的早餐递过去,然后才开始自己吃。

方笑薇满意地看着女儿坐得笔直的身体以及优雅地用餐刀给吐司片上抹奶酪的姿势,觉得十分赏心悦目。人说三代才能出贵族,可方笑薇不能让人嘲笑她的女儿是暴发户出身,从她一出生就开始一点一滴地培养熏陶,从行为到品位,从习惯到爱好,每一处都花了方笑薇无数的心血。陈克明曾笑她是小资脾气,婆家人也一直觉得方笑薇事儿多、太矫情,但方笑薇别的都可以顺从,唯独在教养女儿上我行我素,针插不进、水泼不进。到现在不是出成果了吗?陈乐忧走出去漂亮优雅、气质出众,既聪明又开朗,连一直对方笑薇百般挑剔的婆婆也不得不承认她的成功。

"忧忧,最近你在忙些什么?学生会的工作没有那么多吧?怎么总是看你匆匆忙忙的?连饭也不好好吃。"陈克明一边喝着粥,一边问她。

陈乐忧报以一笑:"老爸,拜托!嘴里有食物的时候不要说话,不然好恶心!"

陈克明一副哭笑不得的样子,方笑薇看她一眼:"不要这么没大没小的,他是你爸爸,你也这样说他。你还没回答你爸爸的问题呢,最近都干什么了?每天晚上都很晚才睡。"

陈乐忧故作神秘地说:"我要成为萨冈第二。"

陈克明还摸不着头脑,不知道这个萨冈又是何方神圣,而方笑薇已一副明了的样子:"成名要趁早?你也想十七岁就写出一鸣惊人的小说?"

陈乐忧放下手中的吐司片,两只眼睛闪闪发亮:"Why not?妈妈,你不觉得萨冈很酷吗?她那么漂亮,又那么有才华,个性还那么独特,成名比你喜欢的张爱玲还要早。我简直太佩服她了。"

陈克明听着这母女俩的谈话，如坠云雾里，不过总算搞明白一点，萨冈好像是个作家。他不以为意继续吃他的早点，反正这母女俩的对话有一多半时候他听不懂。

方笑薇淡淡地说："忧忧，成名的同时也要付出代价的。萨冈成名后的生活用离经叛道来形容都是轻的，你瞧瞧她的那些爱好：赛马、飙车、酗酒，哪一样都不是个好女孩应该干的，简直是堕落。"

陈乐忧自信满满地说："妈妈，你等着看好了。我会取其精华去其糟粕的。"

方笑薇笑了笑，递给她一杯西柚汁，然后才正色说："如果你认为你还有时间和精力，我不反对你去发展你的业余爱好。但你不能占用你上课和学习的时间，更不要跟我提什么弃学在家写作，这念头连想都不要想。中国的教育制度虽然有弊端，但它还是培养出了一大批的优秀人才。比尔盖茨和戴尔之流的人虽然成功，但毕竟是个案。这个社会的主流精英们还是高学历的人，你必须要上完大学才来谈你所有的设想。"

陈乐忧喝完了西柚汁，放下杯子站起来笑嘻嘻地说："放心吧，妈妈，大学生活那么好玩，我怎么会舍得不上大学呢？妈妈，没时间说了，我要迟到了！老爸再见！"说完抓起书包，跑出门去骑上自行车就走。

陈克明把碗放下，看着她风风火火的样子不由得失笑："这孩子，想法真多。我像她这么大的时候，还只知道要穿喇叭裤、花衬衫、戴蛤蟆镜，自以为那就是成熟。没想到过了十几年，孩子们都已经在想着成名要趁早了。"

方笑薇慢条斯理地吃完她的全麦面包："还有更好笑的，马苏棋前几天告诉我，她儿子才上初中就嚷嚷着要去做什么职业电子竞技选手。她都不知道这是干什么的，后来找人一打听才知道原来就是专门玩电子游戏的人，一个个过得是昼夜颠倒、居无定所的生活。马苏棋差点没气死，回家就把她儿子骂了个狗血淋头。咱们忧忧还算是好的，最多也就想当个作家什么的，还算在正常范围内。"

陈克明看她一眼："你对忧忧的关注太多了，女人！分一点到你老公我身上来！"

方笑薇听着他抱怨的话,笑眯眯地看着他:"我对你不够关注吗?我生活的重心都是围绕你在转呢!"

陈克明乐了,伸手把她拉到自己身边坐着:"说起来跟真的一样。其实没有我你也一样过得很好,别以为我不知道,你老盼望着我出个差什么的,好让你自由自在地玩去。你有那么多爱好,每天都把自己排得满满的,比我这个上班的还忙。哪有时间围着我转?"

方笑薇把手里的苹果举高让陈克明咬:"那你希望我整天追着你问下一步该干什么?或者隔两个小时就打一次电话查你的勤,然后你回家晚点就开始胡思乱想,怀疑是不是有小三缠着你?看到可疑的小孩就认定是你流落在外的私生子?"

陈克明看着那个小巧可爱、只比婴儿的拳头大一点的小苹果无从下嘴,最后象征性地咬了一小点皮:"那还是这样好,你有你的世界,我有我的空间,我们各自保持相对的独立算了。不说了,我要上班了。"

方笑薇目送陈克明的车子离开,然后打电话给钟点工,告诉她来的时候顺道去买些新鲜的蔬菜带过来,餐桌自然是留给钟点工去清理。

看了看表,似乎还很早,还没到去美容院的时间,方笑薇拿出记事本,一条条查看近期要做的事和没有做完的事。已经完成了的就用红笔画去,这是她上大学起就养成的习惯,生活有条理才会举重若轻,气定神闲。

看看记事本上,她似乎有两天没有上网了,她决定在上美容院之前先把这件事干了。

在方笑薇打开书房的笔记本电脑等待的时间里,她把陈克明刚才留下的报纸财经版的标题迅速浏览了一遍,没有发现什么特别有价值的东西。刚把报纸放下,电脑下方就有一个 MSN 消息框在闪烁,她点开一看,原来是"接吻猫"看她上线了,马上跟她来打招呼。

"接吻猫"是一个炒股网站的股评人论坛版主,这个论坛是需要注册才能进去的,而且允许注册的时间也很随机。

三年前,方笑薇有天误打误撞地发现了这个网站,并且还成功地注册了,进去一看发现里面原来别有洞天,都是些资深股民在发表各种评论。她自己手头也有几只股,但完全谈不上炒,就是放牛吃草地让它在那里趴着,想起来就看看行情,想不起来就扔着。

方笑薇浏览着这些评论,慢慢地就经常光顾这个网站了。她大学里学的是财经,原本应该在陈克明的公司里有一番大作为的,但陈克明成功地用"一山不能容二虎"说服了她,她在女儿只有三岁时,自动同意回家做全职主妇,所有人都为她惋惜,觉得她是大材小用,但方笑薇不这么想,做了全职主妇就可以用自己的方式全心全意地教育女儿。而且她的退出是有条件的,这是她和陈克明白手起家的公司,为了防止将来外人觊觎,白纸黑字的协议上写明,公司的股份方笑薇要占百分之四十,女儿虽然当时只有三岁多,但要占百分之九,陈克明的百分之五十一可以保证控股。这份秘密协议是作了公证的,但外人谁都不知道,包括方笑薇的父母。

看到"接吻猫"的问候,方笑薇简单地回了一个笑脸就准备干别的去。没想到"接吻猫"马上又打了一行字:"薇罗妮卡,本周的股评你写了吗? 可以发给我吗?"

方笑薇也打进一行字:"还没有。"

"你马上写,一小时后发给我。就这样,88。"

"接吻猫"不由分说就关闭了对话窗口。

方笑薇只好点开收藏夹上她常去的网站开始查阅资料。一小时后,不到两百字的股评新鲜出炉。她想了想,取了"短线危机被强势化解"这样一个标题,发送给"接吻猫",等他接收完毕,她道声再见就下了线。

这就是方笑薇的秘密职业,一个业余的网站股评人。家里没人知道她的这个秘密爱好。陈克明每天忙里偷闲翻报纸、看电视,聚精会神地听人家股评专家分析走势,却不知道原来真正的股评专家就藏在自己身边。

方笑薇刚开始是没有发贴资格的,因为聊天灌水在这里是禁止的,你只能发有效的评论,而且这些评论还得经过专家团的认可才能登出来。这专家团的人全部都用网名,但无一例外的都是至少炒股十年以上的资深股民。

　　这个论坛的管理规定简直又烦琐又严格，不合条件的帖子总是在半小时之内被删，但没人告诉你原因到底是为什么。方笑薇有时真的觉得在网络背后的某个地方，有一个开膛手杰克正操着大刀，毫不留情地砍向这些不合要求的帖子。方笑薇被砍了几次之后，愈挫愈勇，终于有一天成功地将署有她网名"薇罗妮卡"的帖子长久地留在了论坛里。等过了一年多方笑薇登出的评论数到一百的时候，她才获得资格可以直接与版主"接吻猫"联系，然后就是"接吻猫"定期让她写一周股评，像给她留作业一样。

　　方笑薇每周都要写一次股评，然后传给"接吻猫"，"接吻猫"有时候贴在论坛里，有时候不贴，不贴的时候方笑薇就知道，肯定是思虑不周，股评写得不严密。但从今年起，基本上是方笑薇写一篇，"接吻猫"就置顶一篇了，有时候方笑薇忘了，"接吻猫"还会在她上线的时候催着要，应该说她已经真正向资深股评人迈进了。

山雨欲来风满楼

　　"克明,丁兰希回来了,到处打听你的情况,问我要你的电话,我到底给不给她?"范立拿捏不好分寸,只好给陈克明打电话。

　　丁兰希这一手简直是要置他于两难之中——把电话号码给她,又对不起方笑薇,谁知道她这回回来要干什么;不给她,她又不依不饶地缠着他要。范立有点烦,可又不能不打起精神应付她,谁让丁兰希是他们大学时的老同学呢?

　　丁兰希当年还是"历史系四大才子"之一的陈克明的初恋女友,两人好了三四年,差一点就结婚了,结果因为陈母的强硬反对而没有成功。丁兰希外表看似弱不禁风,骨子里却有种极强的个性,也不是个能忍气吞声的主儿,几番交锋败下阵来,丁兰希忍无可忍,尽管伤心欲绝还是毅然决然地跟陈克明分手了事。

　　后来丁兰希大学毕业后火速嫁给一个上海来的工程师,随丈夫一起到上海工作定居,从此就杳无音信,陈克明还因此而郁闷失意了很久。半年以前,丁兰希悄无声息地就带着孩子回了北京,据说是离了婚再也不回上海了。她不知从哪里找到了范立,向他打听陈克明的近况,一再地索要陈克明的手机号码,范立被缠不过,只好缴械投降,抽空给陈克明打了个电话。

　　电话那头的陈克明听不出多大的情绪波动,沉默了几秒之后,要范立把电话号码给丁兰希。范立如蒙大赦，赶快把这个烫手的山芋扔了出去。给丁兰希打电话的时候，他心里有种暗暗的不屑：要陈克明的电话干什么，想见面重拾旧情？她也不想想，他们之间是多少年前的事了，现在见面还有什么意思？相见不如怀念算了，至少陈克明心里还保留着当初得不到的美好。不过他懒得说，丁兰希哪里听得进去他的话？他将电话号码给了丁兰希之后就不闻不问了，打这个电话的时候，他没有背着老婆。因为吴浅浅根本不清楚丁兰希跟陈克明的过往，她就算跟方笑薇要好，也不会乱说。

丁兰希果然回来了。陈克明回味着这个消息，内心里五味杂陈。当年，她离去时那绝望的神情一直深深地藏在他内心里某个隐秘的角落，他自己都以为随着时间而灰飞烟灭了，但随着丁兰希的回归，他感到有些东西开始变得不一样了。

还没容他多想，老家的妹妹就来电话了，今天下午母亲就要到他这里来，要他心里有个准备。陈克明不敢怠慢，赶快打电话通知方笑薇，要她做好迎接老太太大驾光临的准备。

跟着小姑子长居乡下的婆婆马上就要来了。方笑薇接到这个电话如临大敌。她非常清楚婆婆的破坏力有多大，每回婆婆一来，总要以她和陈克明激烈的"暗战"来结束。因为婆婆总有办法找出方笑薇的不是，然后在陈克明的耳边唠叨聒噪，于是之后的好几天陈克明都会左看右看看方笑薇不顺眼，方笑薇动辄得咎。

方笑薇好面子，从不肯在婆婆面前明着和陈克明吵。但关起房门来，两个人吵得面红耳赤是免不了的，接着就是长时间的冷战，如同所有的柴米夫妻一个样子。

方笑薇和婆婆的关系可以用"相敬如冰"来形容。十几年了，婆媳俩始终是冷淡的、生疏的、别扭的，之前是因为方笑薇的性格太要强，婆婆不满意，觉得儿子压不住，再来是因为方笑薇过分爱干净，过分讲究，婆婆看不顺眼，觉得她太能花钱，太能折腾，不是个过日子的人。生了女儿乐忧后，婆婆的不满意到了顶点：方笑薇不肯将女儿送回老家让她带，不肯继续上班，将生活的担子全部压到了陈克明的肩上，又不肯再生儿子，让老陈家到儿子这辈就绝了后……

　　种种原因造成了婆媳深深的隔阂，有的原因其实是陈克明造成的，但方笑薇懒得去解释，因为婆婆压根儿就不会相信她。这隔阂其实是一条鸿沟，怎么也没有办法填平了。年轻的时候，方笑薇不知世事，还一腔热血地百般讨好婆婆，想改善这不尴不尬的婆媳关系，但事实证明这一切都是徒劳的。婆婆有女儿，根本不稀罕把她当作女儿，而且在婆婆心里，儿子女儿才是自家人，孙女陈乐忧可以算半个自家人，只有方笑薇，始终都只是个外人。

　　当方笑薇终于弄明白这点后，心里凉了半截，从此再也不做无用功了。婆媳本来就不是母女，她觉得自己问心无愧，婆婆来了，该怎样还怎样，十几年的经验让方笑薇懂得了不让婆婆影响自己的情绪，也学会了巧妙地转移丈夫被婆婆挑起的不良情绪。她从来不在丈夫面前口出恶言，诉说婆婆的不是，面对婆婆的挑唆歪曲，她也不高声反驳，只平心静气地就事论事，用事实告诉陈克明：你的母亲对我有偏见，她不喜欢我。她的沉默隐忍反而对陈克明有效。撕开了蒙在陈克明眼睛上那层愚孝的幕布，陈克明比任何人都要清楚母亲的性格——强硬、固执和极端的封建思想。

　　内心里，方笑薇其实是有些敬佩婆婆的，但这敬佩微弱到还不能让她喜欢婆婆。公公在陈克明还只有几岁的时候就死了，小姑子是个遗腹子，一出生就没有父亲。一个寡妇，拖着两个嗷嗷待哺的孩子，又没有过硬的娘家兄弟撑腰，在农村要想生活下去，是千难万难的。婆婆就凭着"一女不嫁二夫"的信念和自己强硬的个性生存下来了，不但带大了两个孩子，还培育出一个大学生陈克明。婆婆在老家的口碑也是不错的，但就是这样的人，始终容不下一个方笑薇。

　　嫁陈克明之前，方笑薇是犹豫的，农村来的大学生，家境贫寒不说，又是寡母带大的，听说先头还有过一个女朋友，被母亲棒打鸳鸯给拆散了，这样的人怎么看怎么都不应该嫁。马苏棋当时一时嘴快说："跟寡妇抢儿子，你累不累呀？这样的婆婆肯定不好处，无论什么媳妇，她都容不下，寡母的儿子就相当于她的半个老公呢！"

　　方笑薇就真的止步了，但陈克明硬是凭着不屈不挠的韧劲将花朵一样的方笑薇追到手,先斩后奏娶回家,这回他是说什么也不听母亲的了。方笑薇记得第一次见婆婆简直可以用"灾难"两个字来形容。婆婆发现他们俩居然不通知她就结了婚,已经是勃然大怒,现在还敢回来示威就更是盛怒:先是夹枪带棒地一通哭骂,将方笑薇损得抬不起头来,然后就不管天还黑着将夫妻俩赶出了家门。

陈克明带着方笑薇摸着黑,高一脚低一脚地往县城方向赶,只有到了县城才有公共汽车可以去市里,只有到市里才有火车回北京。方笑薇前面二十几年受的气加起来也没有那一天多,她看看左右为难的陈克明,一咬牙,忍了,这一忍就是十几年,熬得青丝成白发。

方笑薇想起这些陈年旧事,总是难免惆怅,不知自己的人生意义在哪里,难道就是消磨在这样的琐事中,津津乐道于战胜了一个农村来的老太太? 可是生活不都是由这样的琐事组成的吗? 好在陈克明对她的父母还不错,从前是有事就随叫随到,现在有了公司挣了大钱,也还是有求必应,方笑薇的父母对这个女婿还是满意的。而且她还有忧忧,她的宝贝女儿。

想到女儿,方笑薇堵塞的心里才算注入了一股新鲜空气。她指挥钟点工打扫好房间,准备好晚上的饭菜,然后静等老太太大驾光临。

树欲静而风不止

上午十点钟,一个不尴不尬的时间,吃饭又太早,办事又太迟。方笑薇漫无目的地在街上乱逛,脑子里一片空白。

吃早饭的时候,婆婆已经明确地对陈克明表示,要他拿出十万块钱来给他妹妹陈克芬,因为陈克芬的儿子小武初中毕业没有考上县里的重点高中,她需要一笔钱去给他交择校费。婆婆说得斩钉截铁,十万块一分也不能少,陈克明只皱了皱眉头,想说什么又没说出来,最后还是答应了。

从头到尾,婆婆的眼睛瞟都没瞟方笑薇一下,仿佛她根本不存在。

方笑薇心里堵得要命,被一个人忽视成这样,她不能不说几句话,要不然,这口气不出,迟早会憋出病来。这十万块钱方笑薇不是拿不出来,也不是不愿出,关键看怎么说。如果婆婆能好声好气地跟她商量,能不能帮克芬出点钱,让小武上个重点高中什么的,方笑薇会很痛快地拿出钱,心甘情愿地帮陈克芬办事。但问题是婆婆就这样直接视她为无物,就这样目中无人,根本不把她当回事,难道她自己也能不当回事吗?所以她必须得要发难,必须得让婆婆知道,这个家,是她和陈克明的家,不是婆婆可以为所欲为、指手画脚的地方,这个家,婆婆还不能代替她方笑薇当家做主。

于是，方笑薇一边给陈克明搛菜，一边状似无意地说："妈，这个钱怎么说？是算克芬借的呢？还是算我们当哥哥嫂子的给的呢？"

婆婆冷冷地扫了她一眼："怎么算用得着你插嘴吗？我儿子挣的钱，我想让他给谁就让他给谁，哪怕拿给乞丐呢，你也管不着！何况还不是给外人，是给他的亲妹妹。你坐在家里一分钱不挣还有理了？"

方笑薇也不生气，反正婆婆一贯这样咄咄逼人，生气只会让自己被动，她放下筷子，不顾陈克明频频地使眼色要她让步的信息，淡淡地说："怎么管不着？这是我家！我坐在家里也是挣钱。不管什么，钱也好，东西也好，都有我一半，克明要干什么，先要和我商量之后才作得准。您要我们拿出十万块，为什么就不问一下我的意见呢？"

婆婆没想到方笑薇会说出这样不软不硬的一番话来，一下子被激怒了，她"腾"地一下站起来，大声嚷嚷："你是什么东西？我和我儿子说话，你插什么嘴？惹急了我，老娘叫克明休了你！再娶个黄花大闺女回来生儿子！"

方笑薇闻言变了脸色，敢情在这儿等着她呢。就等着抓她的错处好唆使陈克明离婚再娶呢，这还是人吗？她压抑着心里的愤怒，张了张口，嘴唇不受控制地哆嗦着，却又一句话也说不出来。

陈克明见势不妙赶快大声地说："妈！你别说了！这事以后再说！"一边拉着老太太往外走，一边看方笑薇的脸色。

方笑薇心想，不能再这样下去了，再来一次这样的经历还不如扒一层皮来得痛快。她打定主意，对正往门外走的那对母子说："不用你们休了，我自己走。你们爱娶谁娶谁，爱生儿子生儿子去吧，我不伺候了！"

陈克明也火了，连名带姓地叫她："方笑薇！你就不能少说两句！"

方笑薇回以一个冰冷的微笑："我很想，但我不能。你妈触到了我的底线。从今以后我不想再看她第二眼。如果你一定要勉强我，那我们只有离婚。"

婆婆还在那边气急败坏地说："离婚就离婚！你吓唬谁啊？我儿子离了你还可以找大姑娘，你离了我儿子只能找老头子！"

方笑薇不理婆婆的刻薄挑衅，起身上楼去拿皮包。

下楼的时候,不出意外,方笑薇没有看到老公和婆婆,大概又是去附近的小公园进行哭诉和安慰去了吧。真可笑,老公撇下她这个受伤害的人不理,一味地安抚他的母亲,他的母亲有什么需要安慰的?她害了人不够,还要到处控诉博人同情,然后陈克明就会偏听偏信,回来指责方笑薇破坏家庭团结。这个世界就是这样没天理。就为了不破坏团结,方笑薇忍了多少年?心里有多受伤,陈克明想过吗?难道她不说,事情就可以一直这样下去,忍字头上一把刀,方笑薇的心已经被这把刀割得千疮百孔,时时在滴血,陈克明注意到过吗?方笑薇不想再忍了,忍到这把年纪了,她还要怎样,什么时候是个尽头?

作为老公,陈克明本身并没有什么太大的缺点,但只有一条,从来都是死要面子,身上只有十块钱也要借出去或者花出去八九块,打肿脸也要充胖子。没结婚的时候,方笑薇爱他的豪爽和仗义,结了婚才深受这"豪爽"的害,知道这其实也是个大缺点,但怎么办?已经迟了,只有忍耐,忍不了了就要时不时和陈克明吵。

方笑薇觉得自从结了婚,自己的家就是个招待所,或者是陈克明老家的驻京办事处。因为他的仗义、不忘本,老家来人也好,借钱也好,陈克明都是有求必应。没有电话的时候,谁想来就来,想住多久就住多久,根本不会通知你,有了电话,只要打个电话给陈克明,各色远房亲戚就拖儿带女地来了,要帮他们找打工的地方,借钱给他们治病,甚至还要找人帮忙上访告状,陈克明和方笑薇那些年的工资都只够招待这些人的,要不是下海自己开了公司挣了钱,这个家早就散了。方笑薇不知为这个和陈克明吵了多少次,陈克明保证了这一次,保证不了下一次,只要他家人开口,他就满口答应,根本不顾方笑薇的反应。

回想第一次被婆婆刻薄伤害的时候,陈克明曾劝过她:"忍一忍吧,我妈都这把年纪了,她还能活几年?"方笑薇笑容惨淡:"我未必会活得比你妈长。"说是这么说,但想到陈克明事业正在起步阶段,公司惨淡经营,入不敷出,真正是前有埋伏后有追兵,方笑薇不想让他为此分心,只有咬牙忍了,打落门牙往肚里吞。随着陈克明的妹妹陈克芬的逐渐长大,是非就更多了,婆婆越来越过分,做起了"劫富济贫"的买卖,劫的是陈克明夫妻,济的是陈克芬一家,张口就是几万几万。陈克明答应得略慢一些，婆婆就连骂带哭，诉说她当年是如何艰难地把儿子养大，现在儿子又是如何不孝，有了媳妇忘了老娘，全是被方笑薇这狐狸精带坏了云云，陈克明只有全面投降。

陈克芬要结婚，给钱；陈克芬要买房子，给钱；陈克芬要生孩子了，给钱；陈克芬的孩子要上幼儿园了，要上小学了，要上中学了……陈克芬从头到尾就是寄生在陈克明和方笑薇身上的一条水蛭，除了吸血没干别的，而婆婆就是把这水蛭放在他们身上的那个帮凶。这个帮凶现在居然还打算唆使陈克明离婚再娶，这就已经不是帮凶而是元凶了，方笑薇已经忍无可忍了。陈克明暧昧不明的态度让她愤怒，也让她悲哀，她不想再面对任何一个人，她要暂时逃离这个让她发疯的家。

走在行色匆匆的人群中，方笑薇显得特别另类。她没有目的地，也没有明确的方向，眼睛直视前方，却没有焦距。比起那些匆匆的步伐，她更像是在梦游。

她心里有一个问题时刻在压迫着她，让她不得不想，不得不问："为什么？我到底是做错了什么，让她这样漠视我，这么多年不放过一丝机会地折磨我？"

没有答案。也没有人会告诉她答案。

该给她答案的那个人还在家里翻天覆地。而陈克明这一次又准备和什么稀泥呢？方笑薇不打算再忍耐下去了，她转身进了旁边的三星饭店，刷卡给自己定了一个标间。她要在这里好好想想今后该怎么办，是这样毫无尊严地活下去，还是要为自己争取点什么。一切就看陈克明的态度，这么多年方笑薇不发作并不代表她性格软弱好欺，那是没有触到她的底线。现在触到了，她也要好好发作一回，即使要付出代价也在所不惜。

什么叫大人的谎言

当陈乐忧骑着自行车回到家里的时候，只觉得家里气氛诡异。首先是妈妈不见了，然后是爸爸也没有回来，而前几天刚来的奶奶正大模大样地坐在沙发上，操着带有很重口音的普通话，像个老太君似的对着钟点工小夏训话。

小夏已经忍无可忍了，看见陈乐忧回来像看见了一根救命的稻草一样，赶快跑过来接过陈乐忧的书包和自行车说："晚饭的材料都已经准备好了，等阿姨回来一炒就行；家里的卫生我也做好了，衣服有的已经送了干洗店，有的已经分类水洗了，奶奶，哦，不，老太太还要我把窗帘卸下来，把地毯拆下来洗，我说今天没时间了，明天再来。她不让我走，说是她出了钱就是让我干活的，我就是她家的下人，就算干到半夜也得干完了再走。哪有这样瞧不起人的？"

陈乐忧听着这典型的奶奶的话，心里很好笑，都什么年代了，奶奶还是一脑袋旧思想，还分主人、下人，小夏要不是看在妈妈的面子上会老老实实地来听她训话？还让人家叫她老太太，她也不嫌肉麻。好笑归好笑，她还是一本正经地说："好吧，你先回去吧。剩下的交给我就行了。"

小夏如释重负地走了，家里就剩下陈乐忧和奶奶大眼瞪小眼。奶奶大概还在气她让小夏走了，连乐忧跟她打招呼叫奶奶，她也不理，自己回房间去了。

这个时候妈妈还没回来，一定是受奶奶的气走了。陈乐忧心想。从小她就目睹奶奶对妈妈的态度，心里早就不平了，也知道奶奶不喜欢她，只因为她是个女孩，而妈妈又不肯再生孩子，"绝了老陈家的后"。可是妈妈反复地教育她，不要卷入大人之间的矛盾，毕竟是你奶奶，没有对你有过分的行为，所有的伤害都只是针对妈妈。

陈乐忧不这么想，童年发生的一件事，虽然深埋在她心底，从没有对别人讲过，但她是永远也忘不了了的，也永远都不会原谅奶奶的。

陈乐忧六岁的时候，刚上小学一年级，父亲的生意已经做得很有起色了，经常要出差。有一次本来是要带妈妈一起去的，但临走前一天外婆病了，是急性胆囊炎，疼得死去活来，马上要做手术，妈妈马上扔下东西就往外婆家跑。

父亲急着要出差，家里虽然有钟点工，但陈乐忧年纪还小，无奈之下，父亲只好打电话把奶奶叫来临时看管几天，奶奶答应了。陈乐忧那些日子天天跟奶奶生活在一起，白天奶奶带她去上学，放学就是钟点工接她回家。爸爸、妈妈走了没两天，陈乐忧就生病了，当天晚上就开始发高烧。奶奶也不着急，还让她接着上学，又不知从哪里弄了些草药熬了水让她喝。后来陈乐忧实在不行了，烧得越来越高，脸颊通红，趴在课桌上昏昏欲睡，校医给她量体温已经超过了四十一度了，老师马上打电话叫奶奶带她去医院，说再这样烧下去就要出大事了。

奶奶把陈乐忧带出了校门后，一直催她快走，陈乐忧人又小，腿又短，再加上还发着高烧，根本跟不上奶奶，慢腾腾地在后面越离越远。奶奶走了一段后发现她没有跟上来，马上气急败坏地折回来，劈手就是一巴掌，恶狠狠地骂："你这个讨债鬼！你怎么不死在学校里！还回来麻烦我干什么！"

娇生惯养的陈乐忧何曾受过这个，看着凶神恶煞似的奶奶顿时就吓呆了，连哭都不敢了，努力挣扎着迈着两条小短腿，快跑跟在奶奶后面，心里充满了对死亡的巨大害怕。

到了医院，医生量了体温，生气地说："为什么昨天晚上不送急诊呢？都四十二度了，你们是怎么做大人的？小孩子发烧你们也睡得着？"

奶奶在那里极力辩解："是她自己不肯来！要睡觉！我可是一直催着她来的！

她人小小的，脾气还挺大的，根本不听我这老太婆的话！唉，我这是造了什么孽哟，这么大一把年纪了还要来受这个累……"生平第一次，陈乐忧见识了什么叫大人的谎言。

医生没工夫听奶奶的唠叨，开了药直接让陈乐忧住院。但奶奶一听要住院，立马不乐意了，唠唠叨叨地跟医生抱怨："她爸妈不在家，我可做不了这么大的主！还是拿了药回家吃去吧。发个烧也死不了人。小孩子家家的，动不动就住什么院？我带她爸爸和她姑姑的时候，从来没有住过院，不也好好的？"

陈乐忧迷迷糊糊地听着医生跟奶奶的对话，一点力气也没有，坐在医院走廊的长凳上，歪靠着墙，昏昏沉沉的。奶奶把她架起来，简直是一步一拖地回家了。

到最后，陈乐忧还是发展成肺炎了，呼吸都困难，奶奶怕爸妈回来不好交代，不得不让她住院输液。等妈妈在外婆家待了一星期回来，陈乐忧已经住了两天院了。

妈妈不知前因后果，看着躺在病床上的陈乐忧瘦得脸都脱了形，下巴像削尖了一样，脸上的婴儿肥都不见了，一副奄奄一息的样子。妈妈心疼得要命，抱着陈乐忧差点哭了。不过妈妈心疼归心疼，倒也没多说，反而感谢奶奶把她送到了医院里，奶奶是一如既往地冷着脸不搭理妈妈。陈乐忧缩在妈妈怀里，想起这几天所受的遭遇，委屈得不停地掉眼泪，妈妈还以为是她病得难受，更加好好地照顾她直到她出院。

陈乐忧从此再不肯亲近奶奶，尽管爸爸反复地教育她要尊敬奶奶，给她说奶奶过得有多不容易，但陈乐忧幼小的心里已经对奶奶有了成见，奶奶根本不喜欢她，曾经还巴不得她死掉。她没有把爸爸妈妈不在家的这段时间的遭遇告诉爸爸妈妈，她知道爸爸不会相信，而妈妈听了只会加倍难过。

当陈乐忧笨手笨脚地把小夏准备好的饭菜给炒熟了之后，陈克明终于回来了。陈乐忧偷眼看爸爸，他脸色十分不好，当他快速地扫视了四周发现方笑薇不在时，说了句："忧忧，你妈妈还没回来吗？"

陈乐忧点点头，假装没有发现任何不对劲，嘟囔了一句："妈妈也不知道上哪去了,打电话也不接,也不知道发生了什么事……"她边说边像妈妈平时做的那样接过爸爸的包和大衣,然后偷眼看到爸爸的脸色变得更差了。陈克明很快地说了句:"没什么事。"然后叫陈乐忧去把奶奶请出来到餐厅一起吃饭。

由于突然少了个人,气氛变得很怪异。陈乐忧看父亲一副不打算向她解释什么的样子,终于忍不住出声提醒他:"爸爸,我已经十六岁了。"

陈克明不能理解她的跳跃思维:"那又怎么样?你想告诉我什么?"

陈乐忧眼睛直视着父亲:"我有权知道这个家里发生了什么事。为什么我妈妈不见了?怎么没有一个人告诉我?"

奶奶听着早就不满了,她把碗重重地往桌子上一放:"你怎么对你爸爸说话的?这也是你妈妈教你的?她自己要走关别人什么事?谁又能拦得住她?"

陈乐忧不理她奶奶,仍然盯着父亲:"爸爸,请你告诉我。我妈妈到底上哪里去了?"

陈克明脸色阴沉,沉吟半天才有选择性地告诉她:"早上我和你妈妈发生了一点小误会,她一生气就走了。"

陈乐忧对父亲轻描淡写的回答不满意:"我妈妈早上走了,到现在也没回来?爸爸你找她了没有?她会不会出什么事?"

奶奶对陈乐忧的不理会已经很不满了,加上陈乐忧对父亲咄咄逼人的态度,她终于爆发了:"那个坏女人能出什么事?走了就走了,谁还会去找她?不回来了最好!这个家没有她更清静!你们谁也不许去找她!看她还有脸在外面待着不……"

陈乐忧再次惊呆了,陈克明已经及时地喝止了奶奶接下来的污言秽语:"妈!不要在孩子面前说这个!乐忧,我已经派人找你妈妈去了。还没到二十四小时,警察那里还不能报案。这是大人之间的事,你不要管了,好好读你的书就行了。你妈不会有事的。"

陈乐忧气冲冲地拿起书包上楼了,心里充满了对父亲的失望。到了自己房间里,她没法静下心来学习,隐约听到楼下父亲和奶奶在吵架。父亲的声音异常疲惫:"妈,笑薇到底哪里不好,你这么多年都这样处处针对她?你要怎样才能放过她？"奶奶的声音很尖厉，中间还夹杂着哭泣："怎么是我针对她？你看到她对我的样子了吗？你看到乐忧对我的样子了吗？根本不把我放在眼里，什么样的妈教出什么样的女儿！早就劝你离婚你不听，现在……"

陈乐忧凝神仔细听，看父亲怎么回答，听了半天，才听到父亲在叹气："妈，你是我妈，我不愿意说你的坏话，但你也得讲道理。笑薇知书达理又聪明漂亮，忧忧也被她教得很好，我没有任何理由要跟她离婚。再说，克芬两口子有手有脚，为什么不去做点正经事？整天打牌赌钱，三天两头就要从我这里要钱，一张嘴就要几万，我这里又不是开银行的，我能供他们两口子一辈子吗？妈，你整天护着他们，你看把小武都惯成什么样子了？他不用心读书，动不动就逃学进网吧打游戏，他这样的孩子就算进了重点高中又有什么用？"

陈乐忧对父亲不再失望了，原来他不声不响地，什么都看得很清楚，只是碍于奶奶的面子，才不得不一次次让妈妈失望。奶奶接下来的号哭也不能再扰乱她的心了。她从书包里掏出手机，给妈妈发了一条短信："妈妈，爸爸和奶奶吵架了。爸爸也很生奶奶的气，已经派人找你去了。爸爸其实还是站在你这边的，你可要好好保重自己。YoYo。"

方笑薇握着手机，看着这短短的几句话，一夜无眠。

方笑薇没有要求 morning call 服务，但她还是按时起了床，按时吃了早餐，然后按时去做了瑜伽，也按时去做了美容。生活好像没有太大的变化，唯一的不同是她没有按时回家，而是接着又回到了酒店里。

自从昨晚收到女儿的短信，方笑薇心情一直很复杂，一种说不出来的感觉笼罩着她。原本离家时已经对陈克明失望透顶，现在又意外发现他其实也旁观者清。但她仍然怨恨他的优柔寡断，他明明知道方笑薇心里的那根刺是什么，却一直心存侥幸，一味地希望她单方面忍耐退让，却从不对他的母亲说个不字。他明明看到婆媳矛盾已是不可调和了，他还想继续和稀泥下去，假装天下太平。方笑薇不想再继续下去了，她昨天收到了陈克明的几个电话，但她余怒未消就一个也没接，到了晚上，陈克明就再也没有音讯了，她等了又等，也没有等到陈克明的电话。这是一场博弈，方笑薇和陈克明之间的博弈，谁先沉不住气，谁先有动作，谁就陷于被动，但一直没有动作，傻等别人出击也一样被动，方笑薇心想。

方笑薇正想得入神，桌上的手机就想了，她看了看来电显示，是陈克明，心中一动，又按捺住自己，等它响了七八声才按下接听键却并不说话。

"薇薇，你在哪里？我去接你。"陈克明的声音有丝热切。

方笑薇淡淡地说:"我在哪里对你来说重要吗?离了我这个眼中钉肉中刺,只怕你和你妈过得还痛快些。"

"薇薇,你不要说气话。我知道你心里委屈,但她是我妈,我能对她怎样?"

方笑薇心中雪亮,这次想必又等着糊里糊涂蒙混过关。她提高了声音:"就因为你不能对你妈怎样,所以你就由着你妈可着劲儿地欺负我?你还是不是男人?你连你妈都摆不平?我受了你妈十几年的窝囊气我受够了!兔子急了还咬人呢,谁再让我忍我跟谁急!"

方笑薇说完就把电话挂了。

陈克明望着手机,足足发了五分钟呆。他不知道一向柔顺的方笑薇为什么会发这么大的脾气,甚至不惜离家出走。难道真的是触到了她的逆鳞了?陈克明心里也很烦,他能怎样?一边是老妈,一边是老婆,不要哪个都不行,难道就不能共存吗?他夹在中间受无数夹板气,左右不是人,偏偏最近公司里还不太平,查账查出有偷税漏税嫌疑,负责做账的财务部的小沈已经不见踪影,留下一个烂摊子在那里,他除了要派人加紧找小沈之外,一切都要自己亲自去处理。

对财务和做账,陈克明并不熟悉,以前一向是方笑薇的强项。后来公司上了路,挣钱翻了好几番之后,陈克明禁不住生意场上的朋友反复在耳朵边吹风,说什么夫妻店不好开,老婆娘家势力容易坐大,到时候公司全是外戚就不好控制了云云,陈克明就动心了。看到方笑薇确实能干,娘家又在北京,自己只有一个不成材的妹妹,左思右想之后,趁着女儿还小,把方笑薇"杯酒释兵权"劝退回家做全职主妇,他自己另外找人做了财务经理。没想到,人算不如天算,自己家后院起火的同时,前院也会失火。陈克明两头都要扑,简直疲于奔命。

方笑薇不知道陈克明最近遇到的这些烦心事,她自己陷入恶劣的情绪中还不能自拔呢,哪里还顾得上老公有没有事?她在跟陈克明赌气,就让他自己去面对他那个老巫婆样的老妈吧,对不起,姑奶奶从今以后不伺候了,爱谁谁,天王老子来劝她也不行。她心想,人一辈子能活多少岁?可她有十几年都在婆婆的淫威下生活,为了老公和孩子一直在自觉忍气吞声,可忍到最后谁念她的好了?婆婆登着鼻子上脸,越来越过分,现在还在唆使她老公离婚,她要是还能忍得下去才是不折不扣的大傻瓜！

方笑薇打开手里的笔记本电脑，插上无线上网卡，开始跟"接吻猫"连线。已经有好几天没有看股市走向了，本周股评也没有交，她不知道"接吻猫"会不会不满，MSN上线时心里还有点忐忑不安。

很快，"接吻猫"就发来消息了，方笑薇点开一看，只是个简单的问候："Good day，薇罗妮卡。"

方笑薇快速地输入一行字："日安，老大。"

"你好久没有上网了，发生了什么事吗？"这还是"接吻猫"第一次问她比较私人的问题。方笑薇心中一暖，随即写道："谢谢，没什么大事，只是有点小麻烦，很快我就会处理好。"

"接吻猫"发来一个笑脸，方笑薇会意地一笑。可是"接吻猫"接下来的话就叫方笑薇笑不出来了："薇罗妮卡，最近论坛里不太平，有人在盗窃我们的劳动成果，包括你的。"

方笑薇赶快问道："How？ Why？谁这么大胆？"

"是谁还不清楚，好像是有内部的人将我们的股评流传了出去，有个网名叫'带头大哥'的人在新浪上开了个博客，专门贴我们的股评，还将我们的股评分了类，其中就有你的专栏'薇罗妮卡之窗'。对方的目的到底是什么我们还不清楚，但我们的帖子有一些是涉及到证券公司内幕的，有的是涉及到上市公司黑幕的，这个'带头大哥'断章取义地摘取了一些信息，又没有经过查证就贴到博客里去了，网友们还热烈追捧，外界已经引起了很大的风波，我们已经暂时关闭了论坛，等找出这个奸细再说。"

方笑薇心情很复杂，她慢慢地打进一行字："那我能做什么？论坛什么时候再次开放？"

"你什么也不用做，股评继续写，但不要再贴出来。一切等我们找到这个泄密者再说。如果找不到，论坛只有永久关闭。我们无法预料帖子外泄将会给我们或股市带来多大的风波，但我们有一条是知道的，我们不能被别有用心的人利用来误导广大股民，或操纵某只股票的涨跌。"

方笑薇打出一个沮丧的表情。

"接吻猫"很快地再回来一个消息："薇罗妮卡，也许网友们见到你的股评之后会对你的真人感兴趣，也许会打扰你的生活，你要小心。如果他们对你造成困扰，我很抱歉。"

方笑薇不解："他们怎么找到我，我都没有用真名注册。"

"IP 地址，薇罗妮卡，他们会查你上网的 IP 地址。你忘了以前天涯上'疟猫案'的女主角了吗？群众的力量是无穷的，那么偏僻的地方都被他们找出来了，你在北京更要小心。再见，我们以后再联络。"

方笑薇还想再追问一句要怎么小心，"接吻猫"就已经下线离开了。方笑薇呆呆地看着那个代表"再见"的黑色挥手小企鹅，半天不能说话。这个陪了自己将近四年的论坛就要这样结束了吗？是谁这样可恶？到底要干什么？

她关闭了电脑，心烦意乱地打开电视，想看看今天的新闻，结果看到财经新闻的时候，发现还是一个老面孔林文政在对股市进行点评。他点评的还是目前的一只大热门蓝筹股——金田威。方笑薇不由得仔细地听起他的评价，林文政再次推荐。周五缩量整理。从技术形态以及基本面情况综合分析，目前极具买入价值，持股或者低吸都可以。林文政反复强调这是一只值得中长线投资的股票，让股民们不要随意炒短线。方笑薇看到巧笑嫣然的女主持人在问林文政："林博士，听说您目前写了一本书，名字就叫《中国第一蓝筹股——金田威》？"

林文政一本正经地点头并回答："是的，这本书目前还没有上市，不过很快就会出版，不久大家就都会看到了。"

"那是不是意味着您非常看好这支股票，为此还特意写了一本书？"女主持继续问。

方笑薇也想知道，什么样的股票值得一个投资公司的顾问专门为它写一本书？林文政写书的依据又是什么？

林文政的回答让方笑薇有点惊奇："我去过他们灵武总部好几次，邯郸分公司去过三次，合肥去过四次，我手上有亲身实践的材料，同时还依据金田威提供的中报和年报，以及邯郸分公司总裁提供的资料，我才写作了这本书。我相信，未来这只股票的成长空间是不可限量的,投资的回报率也将超过百分之二百。"

　　方笑薇不想再看他说下去了,关了电视。林文政的行为已经有"庄托儿"的嫌疑了,不知道别人有没有看出来,因为她自己不炒股,对股票也没那么狂热,所以她看任何事情都站在一个中立的立场。从她这个第三方来看,林文政有些过分了。

内忧和外患

　　接到丁兰希的电话,陈克明长长地出了口气,该来的迟早要来。从允许范立将号码告诉丁兰希到现在已经整整过去两个星期了,十四天,丁兰希能等这么久已经算是很有耐心了。

　　丁兰希的声音依旧柔和悦耳,带着点江南水乡特有的甜润滋味,传到陈克明的耳朵里分外清晰。陈克明很想问她一句:"当年为什么那么突然就要分手,一点情面都不讲就嫁人远走?"可他毕竟不是青涩冲动的毛头小子了,他按捺住了自己,跟丁兰希约好了在附近的"雕刻时光"咖啡馆见面就挂断了。

　　临近中午,咖啡馆里的人并不多,大概都去餐厅吃饭去了。陈克明走进去的时候,还是费了一番工夫才在服务生的指引下,在一棵茂密的盆栽植物后面找到了背对门口而坐的丁兰希。四目相对的一刹那,陈克明恍然觉得时光好像倒流回十几年前。那时的丁兰希也是现在这样子,人淡淡的,温婉的,打扮得不张扬却很有味道,一种小家碧玉的味道。如果说方笑薇是开得浓烈的红蔷薇的话,那丁兰希就是静静开放的白菊。

　　两人坐下,相对无言。丁兰希率先打破了沉默:"你好像过得很好。"

　　"是的。"陈克明点头,"看起来是这样。"

丁兰希抬了抬右边的眉毛表示惊讶："为什么是看起来？难道你不是这样？我听范立他们说了，你开了贸易公司，娶了漂亮贤惠的老婆，生了聪明可爱的女儿，你现在的一切都在证明着你的成功，也更加反衬我当年的有眼无珠。"

丁兰希也学会自嘲了。陈克明沉默半晌："事实上，我的公司正面临危机，我的老婆前几天因为婆媳矛盾而离家出走，甚至不肯接我的电话；我的女儿虽然没有闹出大乱子，但她明显对我不帮她妈妈导致她妈妈离家出走而心怀不满。我现在几乎过得一团糟，更糟的是，我也不知道为什么要对十几年没有见过面的你说这个。"

丁兰希不在意地笑笑："遇到中年危机了？你这些算什么？都是些无关痛痒的问题，看起来很麻烦，但你一转身，仔细一想，总能找到解决的办法。而我呢？你知道我这十几年过的是什么日子吗？你不想听听我的故事吗？"她目光灼灼地盯着陈克明，眼光似刀划过陈克明的心头，陈克明忽然有种不想这个秘密被揭开的感觉，仿佛她的嘴是一个潘多拉的魔盒，打开了就会有各种麻烦、怨恨、嫉妒和懊悔飞出来。

丁兰希不让他躲闪，直直地盯着他："你知道为什么我会和你分手吗？"

陈克明下意识地点点头，他也想问这个问题。

丁兰希露出苦笑："因为你妈到我面前下跪，恳求我放过你。"

陈克明十分震惊，冲动地握住丁兰希的手："她为什么要这样做？"

"我也想知道为什么，但她就是不说。你相信吗？一个白发苍苍的农村老太太跪在我面前，求我，我受不了了，我只有离开。我那个时候是多么年轻，又是多么傻啊。"丁兰希不着痕迹地抽回手。

"那后来呢？"陈克明急切地问。

"后来有你知道的，也有你不知道的。你知道的是我嫁给了一个上海来的工程师，然后远走他乡，你不知道的是，我们分手的时候我已经怀孕了。"丁兰希依旧淡淡的，好像在叙说别人的故事。

"怀孕了？"陈克明在慢慢消化这个巨大的消息，"那你现在这个孩子是……"

"不，现在这个孩子不是你儿子。"丁兰希断然否定，"那个孩子在三个多月的时候就流产死掉了。因为我的丈夫在新婚之夜就发现我不是处女，进而发现我不但不是处女还已经怀孕三个月了。他在愤怒之下对我拳打脚踢，而我的婆婆还在一旁煽风点火，孩子就这样没了。"

一滴眼泪掉到了陈克明眼前的桌布上，又迅速地弥漫开来，洇成一个大的圆点。陈克明吃惊地抬起头，发现原来是自己在流泪。

丁兰希还在微笑："你还能流眼泪，我的眼泪早就流干了。结婚才是我噩梦般生活的开始，从此以后，我们就陷入了无休止的争吵和打架中，我的身体自流产后一直没有复原，在长达五年的时间里都没有再怀孕，这也是我们婚姻暴力的原因之一。而我婆婆的恶毒不亚于老巫婆，她唆使我的老公打我，到处散播我的流言蜚语，连我跟男同事说一句话，也被她添油加醋地告诉我的老公，我简直像生活在地狱里。"

"为什么不离婚？为什么不早告诉我？"陈克明机械地用小勺子在杯子里搅动，而咖啡早就凉了。

丁兰希微笑的面具片片碎裂，苍白的脸上有片潮红："我以为我是在为爱情而牺牲，结果证明是我自作多情。等我醒悟过来离婚时，我的人生已经过去一大半。"

陈克明又抓住她的手："是我对不起你！我要补偿你！"

丁兰希抽身站起来："你怎么补偿？我最好的时光已经过去。我现在的孩子不是你的。"

陈克明呆呆地目睹她飘然远去，瘦削的背影显得分外单薄。陈克明心乱如麻。

同一时间，方笑薇也在呆呆地看着手机上来电显示的这个不熟悉的号码，不知道是该接还是不该接。她的号码并没有很多人知道，她想也许是打错了，等了一会儿，号码中断了，但过了不到一分钟又响起来了。方笑薇伸手按下接听键，里面传来一个怯生生的声音："喂，您是陈乐忧的妈妈吗？"

听到这句话，方笑薇面色大变，心里突然有种不祥的预感，她定了定神，很快地回答道："是的。"

"我是忧忧的同学,我们刚刚在放学的时候一起骑车回家,忧忧被车撞了,流了很多血。我们很害怕,您赶快来呀。"

方笑薇紧张得手都在哆嗦,她按住快要跳到嗓子眼里的心,对着电话说道："你们现在在哪里?现在是个什么情况了?"

"我们在辅玉路口的向北的便道上,您来这儿就可以看见了。我们有几个男生,他们拖住了车主,没让他溜走,我给您打电话之前就报了警,也打了120,警察和救护车可能马上就要来了。"

方笑薇着急归着急,说话还是比较冷静："好,谢谢你们。我马上赶到你们那里。如果救护车先到了,你们就给我打电话。"

放下电话,方笑薇就快速地穿大衣出门,心想待会要在路旁的取款机上先取些现金才行。边走边给陈克明打电话。

出人意料的是,陈克明的电话也没有一打就通。方笑薇心里的火苗腾腾地,他到底干什么去了?方笑薇一边快走,一边不停地重拨,坐进了出租车里才算打通了,方笑薇不顾陈克明声音里的变化,直截了当地说："你马上开车到辅玉路口等我,忧忧被车撞了。我现在正往那里赶。"

等方笑薇催着司机赶到忧忧同学说的那个地方时,她看见陈克明的车子也在等红灯准备拐弯,只不过方笑薇是直行比他快。

方笑薇下了车扔了车钱快步就走,远远看见一群人围着,外围的一个男人被几个人拖着在那里拉拉扯扯。那个男人气势汹汹地在和他们辩论着什么,不用说是忧忧的同学们和那个肇事者。

方笑薇不知忧忧到底怎样了,疾行几步走近了拨开人群一看,忧忧被同学扶着坐在绿化带的水泥墩子上,脸上血迹斑斑,身上的衣服揉得皱巴巴的,一声不吭地捂着右腿。

她一把抱着忧忧,一迭声地问："忧忧,忧忧,你怎么了?告诉妈妈,你怎么了?"

陈乐忧一直强忍着,看见妈妈来了,顿时"哇"的一声大哭开了,哭得上气不接下气，一边哭一边说："妈妈，妈妈，你怎么才来啊。妈妈，我的腿疼死了。"

方笑薇赶快检查她到底哪里受了伤。那个男人趁乱要溜走，被几个同学发现了，拦回来后还在手舞足蹈地骂："你们要干什么？快他妈放开我。老子他妈倒了八辈子霉了，碰上你们这群傻逼。关老子什么事？丫自己撞上来的，难道还要老子负责？"一边乱骂，一边要挣开同学们的阻拦。

方笑薇听了心头恨得滴血，心想，我女儿要有事，我这辈子都不会放过你。同学们也乱着不知怎么办好，还好救护车来了，陈克明的车也开到了，他刚刚在等红灯的时候就看见这边的乱象了，下了车连钥匙也不拔，几步快走过去，气势汹汹地说："是谁撞了我女儿？"

这时那个男人看陈克明是开着黑色的奔驰来的，知道不是个好惹的主儿，立马不敢再脏话连篇了，声音也放低了，改了口气说自己无辜，愿意赔钱。陈克明看他那个猥琐样子，也不客气，早一拳挥过去，打在他的鼻梁上，顿时两条鲜艳的血道像蚯蚓样从鼻子里蜿蜒而下。那个男人痛得捂着鼻子蹲下去说不出话来，口里咿咿呜呜不知在说什么。陈克明指着他的鼻子骂："你最好祈祷我女儿没事，否则看我怎么收拾你！"

几个男同学早受够了这个男人的污言秽语，这时看着他被揍觉得分外解气，还用崇拜的眼光看着陈克明。

陈克明打完人，回头看到方笑薇正跟着忧忧一起上救护车，马上大步走过去要一起去。医生不让上这么多人，只让方笑薇陪着。方笑薇对还拦着不让关车门的陈克明说："你留下来等警察，处理完了以后，好好谢谢忧忧的那几个同学。到了医院我会给你打电话。"

陈克明点点头，松开手，救护车载着方笑薇和女儿一路呼啸着向医院开去。

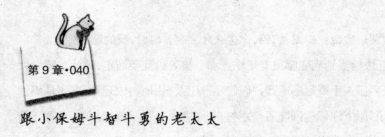

跟小保姆斗智斗勇的老太太

那个被陈克明揍得鼻青脸肿的肇事者在派出所里老老实实地作笔录,主动要求赔偿,也不敢提要陈克明赔偿他受伤的医药费的事。态度好到让人吃惊,根本想不到他之前的嚣张原来只是虚张声势,碰到恶人马上就变成一只纸老虎,而且连死老虎都不是,因为死老虎好歹还曾经是老虎。

不过,他其实说得并不算太错,确实是陈乐忧自己骑车撞上来的,但他千不该万不该,不应该把车停在自行车道上,并且还不看后视镜就随意地打开了左边的车门。事情就是有这么巧,就在他开门的一刹那,陈乐忧和同学们骑着自行车过来,陈乐忧走在最前面,马上就被他开门的惯性给撞得飞出去,连人带车倒在地上。事后他不想着下车救人却想马上关门开走,愤怒的同学们马上就把他包围了,然后分工合作,通知家长的通知家长,叫救护车的叫救护车,报警的报警。

不幸中的万幸,陈乐忧只是右腿骨折,需要住院一礼拜,然后打上石膏回家休养,拆了石膏后还要经过几次复查才能恢复行动。这一礼拜则由方笑薇亲自陪床照顾,陈乐忧吃不惯医院的病号饭,陈克明就吩咐小夏别的活都放一边,每天只管做好饭菜,煲好汤水送到医院里来。

陈克明白天有事在公司里忙，下班后总要到医院看看女儿，陪母女俩说说笑笑再回家。方笑薇虽然见了他面上还是淡淡的，但陈克明相信经过女儿生病这一插曲，方笑薇已经有所放松，为此他不遗余力地借着跟女儿说笑的机会来插科打诨，变相地讨好方笑薇。

夫妻俩都心照不宣地把原来的问题搁置，齐心协力先照顾好女儿再说。至于出院以后怎么办，方笑薇不说，陈克明倒是规划好了美好蓝图——先吃顿大餐庆祝出院，再满足女儿的若干心愿，最后一起找个时间全家出游放松一下。陈乐忧趁机提出要买她垂涎已久的任天堂游戏。以前方笑薇一直不同意，觉得她的旁骛已经太多，怕她贪玩只顾打游戏忘了学习，因此一直没有松口说买。陈乐忧趁火打劫撒娇让老爸买，陈克明也一口答应了，把陈乐忧乐得差点从床上蹦起来，居然傻乎乎地来了一句："生病真好！爸爸妈妈都围着我转，真想多生几次病。"看着陈乐忧没心没肺的笑脸，陈克明也高兴得大笑。

说者无心，听者却有意。方笑薇听了女儿的话，虽然也笑她的孩子气，但心里却别有一番滋味在心头，她不由得不去想女儿的感受。父母吵架，受害的其实还是儿女。陈乐忧也只是个普通的女孩子，虽然比别的孩子显得要聪明懂事一点，但她本质上还是个没有长大的孩子，看到父母不和，她也会有担忧，也会有恐惧，也会有难过。

方笑薇想起自己小的时候，父母总是因为一些鸡毛蒜皮的小事吵架，动辄大打出手，自己带着弟弟、妹妹缩在里屋心惊胆战度日如年的情景。她心里暗暗地叹了口气，为了女儿，她实在不愿意历史重演。

陈乐忧还有一天就要出院了，陈克明已经自说自话定好了回家后的种种安排，方笑薇没有反对。因此陈克明知道，方笑薇同意回家了，他松了一口气。说实话，经过这两周内忧外患的来击，陈克明简直心力交瘁，白天要应付来查账的税务人员，晚上要扮二十五孝在女儿面前说笑，回到家还要面对老母亲那越拉越长面如寒霜的脸，他觉得自己都快精神分裂了。他充分认识到，家和才能万事兴，凡事都要讲究一个平衡，老婆与老妈的关系要平衡，工作与生活的关系要平衡，下属与下属之间的关系要平衡……一旦打破平衡，带来的损失都不可限量。

在陈乐忧出院前，陈克明火速送走了他老妈。他不敢想象方笑薇回家后与老母亲火星撞地球的情景，为了避免这种灾难的发生，他只有让一方暂时回避。当然老母亲走的时候，还是带走了陈克明的许诺，对于陈老太太提出的要十万给小武去上重点高中，陈克明这回坚决不同意，他太知道自己这个外甥是个什么德行了，根本不是学习的料，一学期倒有多半时间都在网吧里过，打群架，动不动就玩离家出走，这十万弄回去就是打水漂了。他不顾老太太的抱怨，提出了一个折中的方案——他出钱让小武去上职业学校学门技术，将来也好有个一技之长，最不济能混到自己的饭碗，否则这样整天晃荡下去，陈克芬两口子如果再不好好管孩子，出了事只往他这里推，他以后也不想管了。

陈老太看儿子这回没有松动的迹象，只好满口答应。方笑薇走了，她没有折磨的对象了，在这里住得没滋没味，家里的佣人小夏又不听她指挥，一让小夏干点什么，她要么就不言不语，要么就借口说："阿姨就是这样说的。阿姨就是让我这样做的。"然后该怎样还怎样。小夏口里阿姨长阿姨短的，言下之意是方笑薇才是这个家的女主人，陈老太太听得打心眼里都冒火。

陈老太太在乡下的时候就听打工回来的人说起做保姆的事，印象里就是城里的保姆格外可恶，有的随便就顺走主人家的东西拿去卖，有的偷奸耍滑不好好干活，有的大手大脚浪费东西。因此，在小夏干活的时候，陈母就用一双警惕的眼睛盯着她的一举一动，有时候冷不丁地走过去看她在干什么，好几次在小夏背后悄无声息地突然现身说话，差点没把小夏给吓死。小夏去菜市场买菜前脚刚出门，后脚老太太就尾随，就差拿个小本记下她买了些什么东西，价钱分别是多少，回家就要小夏一五一十地汇报，小到一毛五分的都要斤斤计较，看她有没有报花账贪污菜钱。

小夏其实在陈老太太头一次跟踪的时候眼角就扫到她鬼鬼祟祟的影子了，心里暗暗好笑，也为方笑薇抱不平，怎么那么好的一个人就摊上这样一个恶婆婆？一时侠义心肠发作，她想替方笑薇出出气，治治这个讨厌的老太婆，于是就故意在偌大的菜场内迂回乱逛，买完蔬菜又去看生鲜，买完生鲜又去看水果，水果也买完了又回到蔬菜那里挑一把葱，买完葱又回去买条鱼，还专门拣贵的买，逛完菜场又去超市，把个陈老太太绕得头昏脑涨；半路上看到熟人，小夏还故意停下来聊天，开口闭口都是"我那家的那老太婆……"，指桑骂槐地说陈老太的坏话，又不指名道姓，把陈老太给气得胸闷气喘。

陈老太太嚷嚷着要儿子解雇她，小夏振振有词地说她是签了合同才上岗的，没有过错解雇她要付三倍赔偿金的。陈老太太一听要赔钱，立马心疼了，她虽然跟儿子要钱张嘴就是几千几万的，但要是给别人，哪怕一块钱她也心疼，解雇一事只好不了了之。

陈老太太跟小保姆斗智斗勇好几天终于受不了了，别看方笑薇虽然走了，可是这个家处处留有她的影子。而且老太太还精明地发现，自从方笑薇气走后，儿子对她表面没事，心里却是很有怨言的。特别是有一天陈克明回来晚了，也不看这快八十岁的老母亲还坐在客厅等他，招呼都不打一个就自顾自上楼去了。陈乐忧出事后，她想问一句陈乐忧的情况怎么样了，陈克明也只淡淡地回以一句"她没事了"就把她打发了，一句也不肯多说。小武上学的事更没有着落，女儿陈克芬已经打了好几次电话催她赶快朝哥哥要钱了，她还找不到话头说。习惯了儿子百依百顺的陈老太太对这些变化很不适应，她把一切都怪到那个狐狸精方笑薇头上，要是没有那个坏女人，儿子还是她的，孙子也会有的，老陈家一家人过得其乐融融的，哪会变成现在这样？

就在陈老太太坐立不安的时候，陈克明终于找她谈话了，跟她商量小武上学的事。明里虽然是商量，但话里话外陈克明都是一锤定音的，要么就上职业学校，要么就不管了。哪能不管呢？小武可是陈老太太的心肝宝贝啊，她无奈之下只得同意了陈克明的办法，收拾东西回家了，总算对克芬也有个交代了。

就因为她太能干

危机解除,生活还要继续。

方笑薇回到家中,一切照旧。虽然该解决的没有解决,不该烦恼的全来了,但她只能与时俱进。陈克明自方笑薇回家后仿佛就大功告成一般从家里隐形了,整天神龙见首不见尾,把家里当作旅馆。方笑薇扮不成怨妇,她想发牢骚都找不到对象。

陈克明通过七弯八拐的黑白道各种关系,终于找到了失踪了的小沈。把人抓回来一看,小沈已经是死狗一条,在押送过程中已被若干恶人轮番整治过,意志已经接近崩溃,陈克明问什么答什么。

小沈不但承认自己采取了多种手段瞒报少报税款,而且还承认为了贪污这多余的税款,他还做了假账,总金额已经将近五十万之多。这些事全部都是在陈克明眼皮子底下发生,而他居然一点风声都没听到,听到小沈的回答,他除了气得暴跳如雷外一点办法都没有。钱全部被小沈挪用参加了地下赌球,输得血本无归。这时候陈克明才知道一个人不抽烟、不喝酒,只喜欢看看足球也会成为心腹大患。

出了这么大的事,陈克明想捂也捂不住,打落门牙往肚里咽,只怪自己当初带眼不识人,花钱买教训吧,小沈自然只能移送司法机关了。陈克明无法可想,也找不到可以商量的人，只好死马当活马医，把方笑薇带到公司里，让她看一遍账本凭证等纳税材料，看看能不能找到点办法可以挽回一些损失。

方笑薇花了一上午时间把所有账册看了一遍，陈克明一直紧张地盯着她的脸色看。她放下账册问："这个小沈是什么人？谁把他弄来的？"

陈克明懊恼地说："他是原来老王公司主管会计小苏的一个同学，老王说他那会计小苏是财大毕业的，人很机灵，懂得各种合理避税的手段，为他们公司省了不少钱。老王向我夸口，我听了他的话以后就动了心，让他帮我留意也找个头脑灵活点的。正好小苏的同学来北京发展，老王就把他给推荐来了。小伙子很聪明，待人处事也周到，我一直用得挺顺手的，就让他做了主管会计。嘿，没想到他妈的我这是引狼入室。出事以后，老王被我追得都不敢见我，看见我来了就从后门溜走，怕我找他算账。"

方笑薇点点头："这就对了。他做假账的手法简直多种多样，如果不是用在歪门邪道上倒也是个人才。你看，他虚报残疾人人数，转移材料运杂费，加大成本提高折旧率，材料假出库，职工发放奖金计入材料采购成本，隐匿销售收入且不入账……用了十几种办法来逃税。从前年一月起到去年十二月止，公司实际只向税务机关共缴纳了一百二十七万元税款，偷税数额占应纳税额比例为百分之七十多。"

陈克明颓然坐在椅子上，喃喃自语："这么多？这下完了。这些钱够这个混蛋挣一辈子了。他妈的一分钱也吐不出来，全输在赌场上了。这个王八蛋把我给害惨了，老王这个浑蛋给我推荐的都是些什么人！"

方笑薇恨恨地站起身来："你呀，就是自作自受。开口闭口都是讲兄弟情谊，兄弟如手足，老婆是衣服。兄弟说什么都是灵的，我说什么你都不听。现在你有难了，这手足都躲到哪儿去了？一个个恨不得从来不认识你，生怕你找他们借钱，反倒是我这衣服在给你出谋划策。你自己想办法去吧，我也不管了。"

陈克明拉住方笑薇的手，像握着一根救命稻草："帮我，薇薇，我现在能相信的人只有你了。钱算什么，要多少钱都行，关键是不要把我抓去坐牢啊。"

方笑薇看着陈克明的惨相被气得又想笑，瞪他一眼坐下了。不过是气话罢了，哪能真不管他的死活呢。她没好气地说："你是公司的法人代表，肯定有逃不了的干系。不知小沈进去后会不会胡乱咬人，要是他乱咬是你授意的，那你的麻烦还真不小。"

陈克明看方笑薇还愿意管他的这些破事心早就放下一半了，他知道老婆能干，当初就因为她太能干才不得不让她回家当太太的。现在想想真是失策，不管别人怎样，老婆还是自己的亲，什么时候都向着自己。他想通了此节也不管什么面子不面子了，马上不耻下问："薇薇，那你说怎么办？"

方笑薇想了想说："那只能出狠招了。要赶快洗清自己，不管你原来知不知道小沈的这些暗箱操作，现在你都必须一概否认自己知情。对了，出了这么大的纰漏，你会一点也不知道？"

陈克明被她看得有点赧颜："有人跟我反映过这浑蛋逃税的事，我没在意，以为他那是替公司节省开支呢，谁想到这王八蛋自己把钱都吞了。不过，我发誓，我可没有主动授意他去干这事，最多是睁只眼闭只眼没去管他。"

方笑薇听得气不打一处来："你怎么不把钱送到他手里算了！贪小便宜吃大亏，你迟早要在这上头栽跟头！"

陈克明从进门到现在一直事事赔小心，那点有限的耐心也快消磨光了，大男子主义立时抬头，他也火冒三丈了："已经栽了跟头了！快说怎么办吧！现在埋怨我还有用吗？找你来不就是让你给我找辙吗？你看你从开始到现在，都说了些什么？除了埋怨还是埋怨，我纵有一千个不是，也还有一个是呢。你把我说得一无是处有用吗？是，我贪小便宜，我用人不当，我管理不善，苍蝇不叮无缝的蛋，我就是因为有缝才被苍蝇叮，这些我都知道了，我也都承认了，那你倒是说说该怎么办哪？埋怨我还有用吗？赶快想辙啊！"

看着陈克明气急败坏的样子，方笑薇也觉得自己有点过分了，好像把自己平时积攒的怨气全发到他头上了。她语气有点缓和地说："算了，我们也别吵了。外人还没打进来呢，家里已经翻了天。无论人家怎么问你，你只能一口咬定自己的公司依法纳税，自己从不知道有偷税一事，并且自己对财务会计也不熟悉，不知如何做账偷税，更没有要求过小沈替企业偷税。另外找点过得硬的关系去看守所警告一下小沈，让他不要乱咬人。这样操作，就属于单位犯罪，只要对公司罚款，对直接责任人小沈判罚就行了。小沈的死活就不是我们关心的事了，谁让他贪呢。不这样做，你自己也要连同坐牢的。"

夫妻俩掩了账册一起回家。陈克明听到有办法可让他免于坐牢，一扫先前的烦闷，心情顿时放松了好多。

第二天是周末，陈乐忧照旧去上补习班。陈克明和方笑薇分头去进行原来商量好的安排。方笑薇早就约了地税局于副局长的太太一起做 SPA。

泡完温泉上来，两人一齐趴在池边的小床上做全身按摩。于副局长的老婆田辛五十出头，一副肥硕的身板能抵两个方笑薇。田辛名字可人，真人却是个有名的母老虎，在家里是说一不二的人物。田辛的老爸原来是军队的老干部，听说还参加过长征，老于最早就是他手下的勤务兵。老于跟田辛结婚后转业到地方，靠着老泰山的关系仕途总比别人要顺利很多，一步一跳地也混上了副局级。只是田辛脾气骄纵，专横跋扈，老于惧内也是有名的。方笑薇借着一些八竿子打不着的关系认识了田辛后，以她的性格，自然是把田辛拍得服服帖帖的。田辛平时酷爱打牌，打得又大，她正愁找不着又有钱又大方的牌搭子呢，方笑薇就自动送上门来了。牌桌上方笑薇可没少放水，几百几千地零敲碎打地放出去，加起来起码也有三五万了。

方笑薇趴在床上有一搭没一搭地跟田辛聊着天。田辛看了几眼方笑薇凹凸有致的身材，恋恋不舍地收回羡慕的眼光，说："小方啊，怎么你的身材就一点也没走样呢？看看你这身材就想起我年轻的时候啊。想当年我也是一尺九的小蛮腰啊，走起路来像风摆杨柳。现在老喽，别说杨柳了，就是老树墩子也没我结实，什么风都刮不动了。发福发成这样，别说老于了，就是我自己看着都想吐啊。有什么办法，到这个年纪了。"

方笑薇只在那里笑："怎么没办法，现在科技这么发达，人都可以送上太空旅游，想减肥又怎么不行？就看你原不愿意了。"

田辛闻言眼睛一亮："莫非你有门路？快告诉我。"

方笑薇正好按摩完了，翻身躺好，盖好毛巾被，才慢条斯理地说："你看金喜善漂亮吗？"

田辛胃口被她吊得高高的又得不到回答，没好气地说："废话，韩国第一美女能不漂亮吗？跟我有什么关系？"

"当然有关系了，韩国美容业那么发达，差不多人人都整容、瘦身什么，你这算什么，国内弄不了，还可以上国外去呀。我知道韩国一个地方，抽脂瘦身手术做得最好，执刀的都是国际知名医学专家。进去的时候是沈殿霞，出来都是张柏芝。"方笑薇看看火候差不多了，抛出去一个金苹果。

田辛果然上钩，立刻就要方笑薇说在哪里，大概要多少钱。

方笑薇说："算多少钱干吗？这点钱我还是出得起的，你要有时间，定好计划咱们就走，算咱们姐俩一起去散散心。我盘算好些日子了，想把脸上这两条皱纹去一下。老陈一直没时间，又不放心我一个人去，田姐你能陪我一起去正好，咱俩也有个伴儿，反正酒店开房间一个人也是一间房，两个人也是一间房，干吗要浪费？莫非你怕老于不放你走？"

田辛果然受不得激，马上跳起来反驳："谁怕他了？走就走。等我安排一下，下周就走。"

方笑薇说："好，那就这么说定了。你把身份证给我，我叫老陈去办签证。"

两人慢悠悠地穿衣服，田辛回过味来狐疑地说："小方，你不会给我下套吧？你是不是有什么事要我去办？先说好，难办的事我可不会干啊。"

方笑薇已经穿好衣服了，走过来帮她拎手袋，闻言一笑："田姐，我的事搁别人头上也许难办，但搁你田姐身上也就一句话的事。老陈的公司最近遇到点麻烦，做账的那个会计少报了点税，税务局要罚款，老陈认罚。可这罚款可大可小，一倍也是罚，五倍也是罚，怎么罚还不都是你家老于一句话的事？老于的事不就是你田姐的事？我没说错吧？别为这小事烦恼了，咱们吃饭去，我请你吃'鲍鱼公主'新出的鲍鱼盅去。"

田辛听了点点头，毫不在意地由方笑薇挽着她的胳膊往外走，一边走一边教训她："就这事啊？还值得你绕这么大一个弯？以后在姐跟前别老藏着掖着的，有话直说好了。"

不曾轻狂的年少

两个女人之间的一趟韩国美容购物之旅，毫无悬念地解了陈克明公司的燃眉之急。

两个星期的韩国行用掉了方笑薇十万块，但换来的是陈克明公司的损失降到最低限度——补交税款后罚款二十万。这二十万的代价对陈克明来说接近于无，在此之前，他原本是打算豁出去一两百万来换回自己的平安的。以最小的代价换取最大的利益，这是方笑薇在大学里上的第一课，她的人生一直实践着这句话。

终于风平浪静了，陈乐忧的石膏也拆了，只要再做几次复健就可以行走如常了，只是太剧烈的活动还是不能参加。她只好每天望着操场上同学们活跃的身影发呆，每天回来无精打采。方笑薇从她拆了石膏起就松了口气，看到她没精神的样子也不去管她，知道她只是一时的无聊，过不了多久就好了。生活又回到原来的轨道，继续平静地向前滑行。谁说平淡生活不是幸福呢？方笑薇经过这一次的波折之后深刻体会到了这一点。

生活恢复常态后，方笑薇终于有时间和马苏棋一起喝喝茶了。两人照例是老规矩，老公和孩子扔一边，先逛十条街再吃中午饭，饭后再去做美容 SPA，全套行程弄下来要用掉一整天。

马苏棋和方笑薇是大学同学，又是同住一个宿舍的舍友，关系自然要比普通同学亲密一些。一个宿舍八个舍友，天南海北的人都有，女孩子住在一起，什么小肚鸡肠钩心斗角都有，方笑薇性子冷淡，跟谁都不远不近。而马苏棋人长得漂亮，因为家境比一般同学好点，脾气就比别人娇纵一些，再加上性格直爽，口无遮拦，说话行事爱得罪人，同宿舍其他的女孩子看不惯她这做派，跟她合不来，往往联合起来挤对她，故意忽视她，几天也不跟她说一句话，马苏棋被排挤得几乎没有立足之地。方笑薇看不惯大家这样明目张胆地欺负人，就跟马苏棋没话找话地说几句，无形中就跟其他人不是一路的，这样一个宿舍就形成了两派，一派是方笑薇和马苏棋，一派是另外的六个人。

从大二起，同宿舍的人就一个个地交了男朋友，有的是老乡，有的是同学的同学，甚至老乡的同学。每天傍晚大家打扮得花团锦簇地出去，跳舞、唱歌、看电影什么的，甚至夜不归宿的都有了，方马二人还是没有什么动静。偶尔也有谈得来的男同学，那也仅只是谈得来而已，绝对称不上是男朋友。班上同学就有意无意地讥刺两人眼高于顶，目下无尘，两人也不理会。

方笑薇家境一般，人长得不是绝顶漂亮，但胜在气质出众，属于那种越看越耐看的第二眼美女，追求的人也不少。但方妈妈对这个好不容易考上了大学的女儿期许是很高的，等闲的穷家破业的毛头小子是不能入她法眼的，因此一再警告女儿要她洁身自好，找对象必须经过她审查，通过了才算，被人占了便宜可不行。方笑薇自信没那个本事，就这样一直拖到了大学毕业遇到陈克明。

马苏棋人虽然大大咧咧但脑子可清醒得很，从初中起就有人追她，她知道自己有几斤几两，也知道大学里的恋情不可靠，她看不上那些心性不成熟的小男生。虽也应男同学之邀吃过几次饭，看过几次电影，玩归玩，但谁要替她贴上标签，把她归为谁的女朋友她可是不认账的。因为她一直没松口承诺过任何人，也算是没正经交过男朋友。饶是这样，马苏棋的是非也不少，同学们暗地里说什么的都有，马苏棋我行我素，只当听不见。

两人就这样平平淡淡地度过了大学生活，虽然平淡，倒也少掉了毕业时的生离死别和挥泪斩情丝等诸多举动。

　　方笑薇大学毕业后认识了陈克明，几番取舍，方妈妈的力阻都还是架不住老陈的锲而不舍，方笑薇最终还是嫁了他。马苏棋老老实实任由父母代为相亲，东挑西拣才嫁了现在的老公，在再保险公司工作的白行简。方笑薇也就是在马苏棋结婚后才知道中国还有这么一个"再保险公司"，专门给保险公司保险的公司，老大背后的老大，名义上是公司，其实后台是国家。可想而知白行简的收入有多少，马苏棋嫁了人之后也只好不坏，看来听父母的话也未见得全是悲剧结尾。两个人十几年的友谊连续下来，彼此早已成为对方生活的一部分。

　　马苏棋和方笑薇将血拼后的战果放到旁边的两张椅子上，要了一壶茉莉香片，趁着上菜的工夫慢慢喝。方笑薇被窗外的风景吸引住了，看了一会儿才收回视线，正对上马苏棋探究的眼光。

　　方笑薇不由一嗔："看我干什么？"

　　马苏棋收回定定的眼光，不紧不慢地说："你最近气色不太好，怎么回事？那个老巫婆又来了？"

　　方笑薇黯然地低下头："最近家里接二连三地有事，气色好得了才怪。我不像你，还没结婚就没有了婆婆，老公对你言听计从，后婆婆哪里管得了你？你没尝过婆婆的苦头，你不知道厉害。杀人不见血啊，我都麻木了。"

　　"我怎么不知道厉害？我不知道厉害当初我会劝你慎重考虑？从小看我奶奶对付我妈的手段就知道寡妇的儿子不好嫁。你那时想什么来着？不过，话又说回来，老陈对你还是不错的，有那样一个妈，他能怎样？你是当局者迷，你也当她不存在就好了，不理她，不跟她吵，连话也不跟她说，她要干什么，你要不愿意就说，摆事实讲道理，当她的面说。历史书上圣雄甘地怎么教我们的来着？非暴力不合作！你不要跟老陈吵，吵架伤感情，也不要顾着面子憋着，你憋着谁知道你难受？憋出癌症来那老巫婆才高兴呢。你就心平气和地说，一次不行说两次，两次不行说三次，她发火你不发火，你看她忍得住忍不住？"马苏棋一说起这个就来气，立刻滔滔不绝口若悬河。

　　方笑薇听了心里舒服不少，有个人开解自己总比一直憋心里强。有些话能跟父母说,有些话却绝对不能跟他们说。说出来除了增加他们的烦恼,暗暗厌憎陈克明外,又有什么益处? 也就在马苏棋这里,方笑薇才敢一吐心中的不快。

方笑薇突然想起什么似的,从包里拿出一个精致的小盒子递给马苏棋。马苏棋一边接过一边说:"这是什么? "

"是盒羊胎素,前些日子去韩国顺便给你带回来的。"

"这个要注射吗?"马苏棋一边拆看一边问。

方笑薇把茶杯放下说:"是吃的胶囊。羊胎素精华液的提取和保存要求很高,要根据具体情况即时配制,另外还要接受严格的全身检查,所以没法给你带注射用的。你要注射的话,咱们以后一起去瑞士做,那里提纯技术高,注射安全有效。这个先凑合着用吧,聊胜于无。"

"怎么想起去韩国了? 老陈有空了? 你不是去过好几趟都玩腻了吗? "马苏棋端详了这个盒子一阵才放下,随便问了一句。

"我也不想去,这也是没办法的事。老陈的公司出了点事,要被税务局罚款,我去帮他善后。有个副局长正主管这块,我原本不认识,后来打听到他老婆想减肥都快走火入魔了,寻了个空子投其所好带她去了趟韩国做抽脂手术。"方笑薇声音里满是无奈。

"这趟可不便宜吧? 花了多少钱? "马苏棋问。

"里里外外花了得有十万——钱还是小事,你知道我的性格,表面八面玲珑,实际上是不惯做小伏低的。跟这些官太太结交本来就不是我所愿,现在又要我给人低声下气赔小心地伺候着,我打心眼里一万个不乐意。要不是为了老陈,我何苦这样? 这些个官太太,本事没有,架子倒不小,花别人的钱像花自己的一样自然,宾馆要住五星的,吃饭要去大饭店,逛完了韩国山城又要去济州岛,买完了 LV 又要'阿曼尼',这趟韩国行可让我大开了眼界,几时我也有当奴才的天分呢。"方笑薇自嘲地说。

马苏棋听得频频咋舌:"有钱也有有钱人的难处。看看你,我就不想过什么有钱人的生活了,还是现在这样自在。说真的,有人曾经说起过,把中国现在的官员都拉出去当贪官枪毙,十个里头也最多只有一两个是冤枉的——有几个不贪呢？不过，你这趟也真是下了本钱了。十万，过日子的话够我们一家过上好几年了。"

方笑薇听得一笑："求人办事就是这样，与其你一次送一点送得不痛不痒，不如一下子就下足本钱，给的超出对方的预期，人家才会尽心尽力给你办事。我要是给个一万两万的，事没办成不说还让人家笑话我小家子气。她家老头是税务局的，她什么没见过？一万两万的入得了她的眼吗？说实话，我这十万还是搭上了我亲自陪同的工夫人家才肯给这个面子呢，否则你直眉瞪眼地送上十万，人家理不理你还难说呢。"

马苏棋摇头，直叹不容易。方笑薇心说，你才知道不容易，我可是一直就是这么过来的。你觉得我有钱有闲，要什么有什么，我还羡慕你夫妻和顺，家庭稳固呢。人都是这山望见那山高。

最直接最致命的伤害

自己的家里貌似风平浪静之后,方笑薇回了趟娘家。

娘家是经常有家庭聚会的,人年纪大了,难免会变得爱热闹,留恋人多时的温暖,方家两老也不例外。他们经常是再三再四地打电话给各位儿女,定好聚会日期,然后不辞辛苦地上菜场精挑细选买好菜,回来又是大肆地洗菜、切菜、炒菜、做饭,就为了让各个有家庭的儿女拖儿带女闹闹哄哄地回家来吃这么一趟,然后两老脸上挂着满足的笑进厨房继续与脏碗碟奋战,等大部队吃饱喝足地撤退时,他们还要拖着疲累的身子收拾满屋子的狼藉。

方笑薇是长女,不忍心见老头老太太这么折腾,几次要取消这种聚会,两老都拦住了。方母说:"薇薇,我和你爸是心甘情愿这么伺候你们。现在你们一个个都有家有业的,虽然比上不足,但比下倒也有余,我们做爹妈的看着心里也舒服。我们没别的想头了,就盼着你们常回来看看,可你们哪个不是喊着忙、累、没时间?你们没时间,我们老两口还能没时间?不就是买点菜、做点饭吗?我们就当锻炼身体了。"

方笑薇没办法,每次接到电话就把钟点工小夏带去,让她帮着父母干些活,好让老头老太太能松口气。

这次也不例外,方笑薇开车带着小夏一路往方家小院走。进了家门,她扫了一眼,看见客厅里只有妹妹悦薇带着奇奇在看动画片,弟弟一家三口还没来,小夏已经熟门熟路地钻进厨房去了。

方笑薇走进客厅刚换了鞋,奇奇眼尖就看见她了,马上从沙发上跳下来,朝方笑薇跑过来,一边跑一边奶声奶气地喊:"大姨——"方笑薇刚直起身来就被奇奇撞了个满怀,她顺势抱起奇奇,一边在他胖乎乎的脸蛋上乱亲一气,一边问:"就你和妈妈来了呀?你爸爸呢?"奇奇一边躲闪着方笑薇铺天盖地的吻,一边忙中不乱地回答:"爸爸应酬去了。"

方笑薇一笑:"你才多大?你就知道'应酬'了?谁告诉你的呀?"

奇奇仰起脸稚气地说:"我三岁半了,马上就要四岁了!是大人了!"

方笑薇再次被他逗笑了,一边把奇奇放在沙发上,一边敷衍说:"哦,真的是大人了,奇奇真棒。"奇奇得意洋洋地接着看动画片去了。

方笑薇坐下对妹妹说:"你来了多久了?也不知道帮爸妈干着点,就让老头老太太两人在厨房忙活。"

妹妹懒洋洋地说:"不是还有大姐你吗?我来了只管吃就行了。反正从小爸妈眼里就没我,事事都找你,我干吗要去凑这个热闹?再说了,顾欣宜不是也没来吗?回回人家都是掐着饭点到,你们也没说过她呀,干吗老跟我过不去?"

方笑薇心想,这怎么比?女儿跟儿媳妇能一样吗?都不是一个妈生的。不过,方笑薇不以为意,悦薇从小就这副德行,性格别扭,脾气古怪,你说东她非得往西,你说要坐车她非得走路。明明喜欢笑薇的一个发卡,笑薇给她又不要,还振振有词地说是不要方笑薇用剩下的。就这副臭脾气,谁也拗不过她。方母原指望她结了婚能好点,谁知道一点没变,该怎样还怎样,更可气的是,她还老觉得全天下人都欠她似的,要不说江山易改禀性难移呢。

方悦薇只比方笑薇小三岁,结婚却比方笑薇晚了十年。没别的,东挑西拣,嫌这嫌那的,搞得到了三十岁了还没嫁出去,最后方母急了托这个求那个,好容易才让她点头同意嫁了出去,才算了了方母的一块心病。方笑薇知道她这毛病,也不想跟她计较,就换了个话题问:"志远干什么去了,参加家庭聚会他可从来不缺席的啊,他真的来不了了?"

刘志远是方笑薇的妹夫,是个保险经纪人,平时能言善辩的,热衷于出席各种活动,不论规模大小,只要人多,他就充分发挥他的特长,滔滔不绝,最终要归结到买保险的好处上去。方家上下都在他的鼓动下买了不少人身长寿意外各种险,方笑薇更是首当其冲,被他缠不过,只好给陈克明和陈乐忧买了不下十种保险,至今也没弄明白是什么险,都保哪些内容,只知道每月要从银行划走不少钱。

听到方笑薇的问话,妹妹又是那副懒懒洋洋的腔调:"谁知道他干吗去了?今天一大早就出门了,到现在连个电话都没有,我也懒得给他打,爱谁谁。"

做人做成她这样也真够粗线条的,真不知她平时是怎么过的日子。方笑薇忍不住要说她:"你打个电话问一下怎么了?哪有你这样当人家媳妇的?他不打你就也不打了?"

妹妹不耐烦地说:"我怎么了我?你不回来我好好的,你一回来我浑身都有不是!我没你那么贤惠,也没那做阔太太的命,我犯不着对老公嘘寒问暖。你有能耐你前些日子干吗还住宾馆啊?当我什么都不知道啊,自己的事都没有摆平还来管人家的闲事!"

妹妹的话一下子触到了方笑薇心底隐秘的痛处,她顿时气得脸色发白,一句话也说不出来。原来来自身边亲人的伤害才是最直接最致命的,因为他们清楚地知道刺中什么地方会让你流血,什么地方又会让你剧痛。方悦薇果然厉害,眼睛尖嘴巴毒,一下就把方笑薇苦心遮掩的隐私给揭了出来。

方母闻声从厨房出来了,只来得及听清楚悦薇尖酸刻薄的最后一句,又看到笑薇脸色不好,坐在一边一言不发。虽然不知发生了什么事,但方母向来是知道小女儿的脾气的,立刻心里认定是悦薇的不是,但左右都是女儿,又不好偏袒,只得问道:"这又是怎么了?姐妹俩说不了两句话就要吵。"

方笑薇不想让父母知道自己前些日子的破事,只好随便说了句:"我没事,就是跟悦薇聊天。"

方悦薇听着直冷笑。方笑薇不理她,对方母说:"妈,明崴来电话了没有?他们什么时候到？"

方母正要回答，方父从书房走出来，刚好听见，随口答道："老三说他媳妇逛街去了，他把津津接回来再顺便去接她，可能要晚点到。"

方悦薇冷笑："他们早到过吗？哪回不是让我们等着？"

方母瞪了她一眼："就你话多，没人把你当哑巴。"

正说着，小夏已经把饭菜都做好了，她和方笑薇打了个招呼就自己回家了。一家人正襟危坐地等了很久，也不见明崴一家三口的影子，连一向好脾气的方父也动了气，他一挥手："不等了，我们先吃吧。"

方悦薇说："早该这样了，老惯着他们，看把他们惯成什么样子了。吃个饭还得三请四请的。"

方笑薇站起来给大家盛饭，正张罗着，门就开了，明崴和顾欣宜带着津津进来了。明崴板着个脸，顾欣宜脸上还有泪痕，就连津津也一副受惊不小的样子。顾欣宜低低地跟大家打了个招呼就不再说话，方母不由得追过去问："怎么了这是？"

不问还好，一问顾欣宜就哭起来，连带地弄得津津也眼泪汪汪的。方笑薇放下碗，招呼他们坐下，对弟弟说："明崴，你来说说，到底发生了什么事？"

明崴一脸郁闷，看了大家一眼："我们刚从医院里出来。她在地铁里摔了一跤晕过去了，地铁里的工作人员把她送到医院里去了。"

方母听得心惊肉跳："你不是去接欣宜了吗？她怎么会在地铁里摔跤？还摔得这么重？检查了没有？要不要紧？"

方笑薇从浴室拧了条热毛巾递给已经转为小声低泣的顾欣宜，顾欣宜感激地看了她一眼，低声说："谢谢大姐，我没事了。"

明崴看了低着头的顾欣宜一眼，气呼呼地说："说起来都是她那张嘴惹的祸。我们说好了在雍和宫附近接她，让她坐地铁过来，这样近些。她在地铁里被一个民工踩了一脚，人家也说对不起了，她还不依不饶地连损带骂。结果那人不言不语地，等她下车的时候把她猛一推跑了。她摔了个大跟头，后脑勺着地当时就晕过去了。她要不那么刻薄，人家至于那样恨她吗？我就说……"

方笑薇猛地打断了他的话："行了,明崴,你还是不是她老公。她受了气你不护着她,还紧着说她,你这不是往人伤口上撒盐吗? 什么都别说了,吃饭吧。"

方笑薇给大家摆上了饭,瞥见妹妹一副幸灾乐祸的样子,不由得瞪了她一眼,方悦薇立刻满脸不屑,哼了一声。

方悦薇从来就和顾欣宜不和,连面和心不和都做不到,有事只会针锋相对互相抢白,这次顾欣宜出了事,她怎会不高兴? 方笑薇心里暗叹,这悦薇心里头除了她自己还能放得下谁呢? 永远都是一副恨人有笑人无的心态,怎么会平衡?

这一顿饭吃得每个人心里都是五味杂陈。

方母的一时糊涂

今年是中国股市十年难遇的大"牛市",几次涨涨跌跌之后是一路的扶摇直上。这看似喜人的形势将股民们弄得神魂颠倒,让持币观望者也看得目眩神迷,最终禁不住诱惑,咬咬牙"扑通"一声下海方才了事。

方笑薇身边几乎人人都在炒股,个个都在谈基金买入卖出。仿佛股市就是一个聚宝盆,只要伸手就能从里面捞钱似的,全然不顾股评专家苦口婆心劝说的"股市有风险,入市须谨慎"的理论。

马苏棋入市最早,资格最老,谈论起各只股票来如数家珍,最有发言权;方笑薇的妹夫刘志远也算半个资深股民了,他本是做营销的出身,对理财分外感兴趣,虽然他可理的财并不多,但这并不妨碍他在方家家庭聚会里滔滔不绝地发表各种议论;方明崴和顾欣宜胸无大才又胆小,手里虽有几个闲钱,但要投入股市又担心风险,所以一直以来都是刘志远的忠实听众,最近看样子好像夫妻俩取得了共识,也跃跃欲试地准备入市了。

方笑薇看了他们这样子只觉得好笑,这几个人除了马苏棋还有两把刷子,其余的有哪一个是炒股的料?看见人家从股市挣到钱就以为有钱捡,这真是应了小时候方母骂他们姐弟的话:"光看见贼吃肉,看不见贼挨揍。"

"金田威"是近两年来的大牛股，也是股评专家林文政极力鼓吹的"绩优股"、"中国第一蓝筹股"。从股价到业绩，均创下了令人炫目的记录：前年每股赢利0.51元；股价则从去年1月1日的12.95元启动，一路狂升，至去年5月20日已经涨至36.7元。5月21日，"金田威"实施了优厚的分红方案10转赠10后，即进入填权行情，于去年12月29日完全填权并创下38.99元新高，全年上涨440%，高居深沪两市第一。今年年报披露的业绩再创"奇迹"，在股本扩大一倍基础上，每股收益攀升至0.827元。

方笑薇正在家里上网，一边看财经新闻，一边听音乐，正看到"金田威"这几个字反复出现在股评里，她有点不耐烦，还有完没完了，就算它是超级大热门也用不着这样狂轰滥炸地宣传啊，除非它有问题。想到这儿，方笑薇心中一动：凡事反常必为妖，这"金田威"已经被炒成了"中国第一蓝筹股"这样的高度，难道它真的名副其实？

还来不及细想，方母的电话就来了，方笑薇关掉音响接听。

方母的声音听起来有点迟疑："薇薇呀，你最近是不是家里有什么事啊？跟克明吵架了？我怎么恍惚听悦薇说那么一耳朵，你前些日子住宾馆了？"

方笑薇按捺住心里的不快，故作轻松地说："没有，没有。妈，你别听老二瞎说，她就是长着那么一张臭嘴。前些日子克明老家来了亲戚上北京来治病来了，我不愿意让他们住在家里，安排他们住宾馆了。老二说我是有钱烧的，我们就是因为这事才吵的。"

方母疑虑顿消："哦，是这样，这也没什么，农村来了人也不讲卫生，脏兮兮地住在家里也不像样，住宾馆最好，悦薇也真该改改她那臭脾气了。"

方笑薇笑了笑："妈，别担心。有什么事我自己会解决。我都多大了，你还为我操心。"

方母不由得嗔道："大了就不是我闺女了？哪怕你八十岁，只要我还在，你就是我闺女，你有事我就得替你操心。"

方笑薇心里很温暖，笑得很开心。只有在父母面前才不用老是戴着面具一样地做人，也只有亲生的父母才会不计报酬地关心儿女啊。

方母最后收线的时候忽然问了一句:"薇薇呀,你对炒股在行不?"

方笑薇立时很警觉:"怎么了? 你们在炒股吗?"

方母倒是很快地否定:"没有,没有。最近明崴和志远都说今年股市行情特别好,不把钱弄出来炒股在银行放着吃利息太亏了,说了好几次,把你爸爸都说动心了,准备把钱拿出一部分来交给志远帮我们炒去……"

方母还没有说完,方笑薇就斩钉截铁地反对:"不行! 妈! 绝对不行! 不能把你们手里的那点养老金拿出来炒股去,尤其是交给志远更不行!"

方母被吓了一跳,方笑薇反对得太快了,她都来不及思索原因,只下意识地说:"好,好,我知道了。"

方笑薇听到母亲唯唯诺诺的声音就知道自己的声音太尖刻了,肯定让母亲受惊不小。她深吸了一口气才平复了心情,然后又和缓了一下语气才开口:"妈,股市有风险,不是你投钱进去就有受益的,有时候赔得血本无归想跳楼的人都有,志远只是个半瓶子醋,你们把辛辛苦苦攒的养老的钱交给他,万一赔了连本儿都回不来怎么办? 再说了,你们把钱交给志远,要不要他写个字据? 让人家写会伤感情,不让人家写你们又会担心。还有,这事明崴和他媳妇知道了会怎么想?"

方母恍然大悟,赶紧在电话那边点头:"薇薇,还是你想得周到。妈老糊涂了,差点犯大错。我知道了,回去我就跟你爸说,省得他也一天到晚地跟我唠叨炒股这事。唉,也是,没有那金刚钻就别揽那瓷器活,我们两个老家伙一没本事二没钱的,就这么点养老金还瞎折腾啥呀,还是放到自己兜里踏实。"

方笑薇听母亲已经完全被自己说服了,又不放心地叮嘱一句:"妈,这事你可别说是我说的啊,志远要是问起来,你就说你和爸的钱存了五年定期取不出来,等到期了再说。"

方母放下电话的时候几乎是赶紧跑到书房跟老头子耳提面命去了。开玩笑,这事要不是薇薇提醒,谁知道这几个钱还回得来回不来? 到时候偷鸡不成蚀把米,家里闹成一锅粥。老太太经方笑薇一说,几乎可以预见到将来鸡飞狗跳的情景,是以赶快跟老头子结成统一阵线去了。

第13章·方母的一时糊涂·191

方笑薇放下电话的时候又想了想，好像刚才说话没有什么漏洞。她了解自己的妹夫，刘志远本心倒不是个坏人，只是做营销做得太久了心眼未免太活泛。现在也许是一时意气帮老头老太太挣钱，谁知道将来他面对这一大笔钱会不会动心思？明崴是儿子，两口子早就把父母的钱看成是自己的了，这一来二去的后患无穷，还是趁早掐死这惹祸的苗子为好。

方母的一通电话打断了方笑薇的思路，她想不起刚才自己那一闪而逝的念头是什么了，再仔细回想也全无头绪只得放弃。陈克明早上出门前就说过晚上有应酬，不必等他吃饭了，那现在时间还很早，方笑薇想看看各大门户网站最近的重大新闻，再说，上次"接吻猫"说的有个"带头大哥"在新浪上开博，把他们秘密论坛上的帖子都贴在博客里的事，也引起了她的好奇心，只是最近因为家里一直坏事连连，她好久没上网了，所以还没有正式去看过，更不用说登录 MSN 聊天了。

绿色的 MSN 小人连续转了很多圈之后终于登录成功了，方笑薇看看联系人列表，除了马苏棋在线，其他的小人都暗着，也就是大家都没空了。她叹口气，也懒得跟马苏棋聊天，她知道这时候的马苏棋肯定是紧张地盯着她的那些 k 线图，反复研究她买的那几只股票的未来走势，就算跟她打招呼也是心不在焉。

方笑薇在论坛里的时候，"接吻猫"曾经作过一个形象的比喻，股票交易市场就是一个戏院，庄家就是卖座的大明星，而散户就是忠实的观众，只要你去看他，他就没日没夜地尽情表演，他让盘口别有洞天、风起云涌，他让 k 线图青面獠牙、天花乱坠，只要你睁开眼睛看，你就会患得患失，惶惶不可终日。而当你不看他、他没有观众的时候，他会反过来怕你，因为他的钱是贷款，他要付操盘手的工资，面对一个不看不闻不问不急的人，他的一切表演都是徒劳的，他只有失败，这就是庄家的死穴。因为不管多大的明星演多精彩的戏，只要没有观众看，他也只有惨败的下场。

可是说是这么说，但身在局中又有几个人能解脱呢？散户最大的特点就是贪婪和恐惧，这两点驱使他们不停地看不停地买进卖出，就算是马苏棋、方笑薇这样学财经出身，又对投资理财有见解的人也不能例外。

　　股市的持续走高强烈地刺激了方笑薇身边所有的人，在得知刘志远成功地在入市三年多以后解套，还大赚了一笔之后，明崴经过和媳妇仔细商量，终于到证券公司开通了股票账户成为了一名股民。他小心翼翼地往自己账户里打入了五万块钱，然后在刘志远等一干好事之徒的指点下开始买进卖出，希望也能在股市里捡到钱。

　　方笑薇听了几次他们的对话之后只觉得啼笑皆非，这刘志远虽然满口的术语名词，实际上全是道听途说来的各种小道消息，加上自己的一些断章取义的分析，连个半瓶子醋都算不上。而方明崴两口子对股票更是一窍不通，从零开始。这样的一群散户凑在一起，不等人庄家宰等什么？要知道所谓的消息，很可能就是你自己嘴里说出的一句话，转了一大圈后回到你耳朵里；要不就是庄家为了要操作某只股票而故意编造的谣言被你听到了，这样的东西可信度又有多少？

　　方笑薇回娘家的时候见到明崴，几次提醒他们要谨慎，不要听信谣言，要凭自己的技术和直觉炒股，但明崴炒短线炒得正热乎，挣了几个小钱心里正高兴呢，笑薇的话他哪里听得进去？口头上倒是连连称是，但看表情就知道两口子都没把大姐的话当回事。

方笑薇知道，在他们心里，自己不过就是个有钱的家庭主妇，恰好运气好嫁对了老公而已，未必有什么过人的见解，有谁会把一个常年做全职太太的话当真呢？说多了，明崴只当是大姐小心过度，而顾欣宜更是背地里嘀咕，跟明崴说酸话："这大姐别是怕咱们发了财以后不把她当回事吧？怎么三番五次地叫咱们不要这样不要那样？就算咱们发了财也不会忘了她的好处啊。"明崴虽然口头上反驳了老婆的小家子气话，但心里还是坚定地要继续炒下去。

明崴夫妻俩倒也不贪，几乎什么股票都买，每只股票只要涨几毛钱就抛，然后再买、再抛，进进出出地搞得热火朝天的。刘志远也很"无私"，四处搜罗了一些"内幕消息"与明崴一干人交流心得，让明崴也小赚了几笔，更是斗志昂扬起来，连方母也动摇起来，觉得方笑薇是不是过于谨慎了，但想起女儿以前说过的话又觉得句句在理，只好还是和老头子一起捂紧口袋按兵不动。

方笑薇看他们饭后又聚在一起说那只股票的涨跌，觉得索然无味，借故说是下午要送乐忧去学琴就要走。方母听到乐忧还在学琴，随口问了一句："忧忧不是上高二了吗？怎么还在学小提琴？我听说过几天还要去演出，高中的功课听说是很紧张的，又要学琴，又要考大学，不怕耽误时间吗？"

方笑薇还没有开口，悦薇就飞过来一句："妈，你瞎担心什么？姐夫家有的是钱，国内的大学上不了还可以出国上啊，耽误时间怕什么！"

明崴就是讨厌她这副酸样子，大姐家是有钱，但娘家的事从来也没少帮忙啊，哪回大家有事不是先找大姐的？就连津津现在都学会了，动不动就是"我给大姑打个电话吧！她有办法"。每回都是大姐帮了忙，在悦薇那里还不落好，整天一副谁都欠她的样子，摆给谁看呢。明崴气冲冲地说："大姐家有钱也不是捡来的！我看忧忧就挺好的，哪至于就到了上不了国内大学的地步了？你这人心态怎么这么不好……"

方笑薇眼看悦薇一副要发作的样子，赶紧制止了明崴的话，息事宁人地说："好了，好了，别争了，忧忧学琴也学了快十年了，在学校乐队已经是小提琴副首席了，她舍不得放弃，再三跟我保证不会耽误学习我才同意的。你们别担心了，我先走了。"

到楼下开车走的时候，方笑薇心里冒出四个字：一地鸡毛。想想也真是的，八面玲珑的方笑薇谁都买账，就是摆不平自己的亲妹妹，悦薇跟自己简直是天生的对头。

正胡思乱想的时候，女儿打来了电话，说老师病了，这周的课顺延到下周再上，自己现在就和同学一起去图书馆上自习去。方笑薇问她要不要送她去，陈乐忧想了想说算了，反正图书馆也不远，和同学一起骑车去算了，方笑薇只好自己开车回家。

早上出门时，陈克明就说他们要去给老友老王过生日，晚上也许都不回家了。老王今年四十八岁，虽然不是整寿，但大小也是个本命年，因此大家一起商议了给他好好庆祝一下。市区的玩乐场所基本都被他们踏平了，有人提议不如去郊区热闹热闹，还设计了泡温泉、洗桑拿等余兴节目，并且还规定了谁都不许带老婆。方笑薇听他认真地说的时候就直想笑，一群狐朋狗友想一起胡闹，还搞得很神秘，不让带老婆，用脚指头想都能想到他们的聚会有多荒唐！以为谁稀罕去似的！方笑薇懒得戳穿他们，反正一群中年老男人也干不出什么好事，她一个人也阻止不了，别家的老婆肯定也心知肚明，只要不是太过分，她也就睁只眼闭只眼了。

方笑薇一路悠闲地开着车回到家。进门的时候，还没有换鞋，手机就响了，看看来电显示居然是明崴。她很意外，明崴有什么事刚刚在家的时候不说，非得等她走了才打电话说？

"大姐，刚才我忘了问你了，姐夫最近在买什么股票？我想找他咨询一下。刘志远给我推荐了一只长丰，最近涨得厉害，连续几天涨停板了。志远建议我把手里的钱全买这只股票，我还在犹豫到底要不要买，想听听姐夫的意见。"明崴说。

方笑薇也没有不耐烦，好在明崴还在犹豫，没有一猛子扎下去，她问了一下明崴："长丰是不是就是几个月前传闻官司缠身，业绩奇差的那家公司？"

明崴奇道："咦，大姐你怎么知道的？就是那家，三个月前有人说那家公司的老总有黑社会背景，买凶杀人要被判刑了，公司没有人管了，因此股票跌得厉害。现在谣言澄清了,买凶杀人的是另外一家公司的老总,这家公司马上会有大笔资金注入,业绩要翻好几番的,因此又涨起来了。"

方笑薇听得微笑,这么老套的手段都看不出来,这是有投资机构在炒作这只股票呢。这整个故事都是他们编出来的,什么黑社会背景,什么买凶杀人,统统都是假的,现在又说有新资金注入肯定也是假的。投资机构每次操作股票前都要编一部完整的故事,先是悲惨的开头,这家上市公司如何业绩差,如何官司缠身,如何高层腐败,甚至天灾人祸都有,吓得一众散户夺路而逃,割肉的割肉,斩仓的斩仓,而背后的庄家则笑纳了大家抛下的低价股票,然后他们就会放出传言,什么上市公司绝处逢生,业绩将翻番,弄得股价如同点了火的火箭一样一步登天。但往往到了天价后,"故事情节"也将会达到高潮,等散户们蜂拥而至,大肆追捧之后,股价就如同断了线的风筝一样一落千丈,万千散户的白骨才堆出一个获暴利的庄家。

很显然,长丰这出戏现在已经是高潮中的高潮,马上就要落幕了。明崴是她弟弟,她自然不能让他血本无归。方笑薇轻轻地说:"明崴,你姐夫前几天正好和我说过,长丰背后有人在炒,盛极必衰你懂不懂?庄家马上就要撤退,就在这几天了。手快的也许可以赚一笔,手慢的就要被套牢了。"

明崴"哦"了一声就没再说什么,想必很失望。方笑薇心想,现在失望总比将来吐血好。明崴交际少,技术分析差,自己又没有看盘的本领,只能打探消息。股市有句名言:谁都知道的好消息绝不是好消息;谁都知道的利空绝不是利空。明崴这样的散户,妄听妄信,用耳朵炒股,不用脑子,实在很让方笑薇给他捏一把汗。

一切绚烂都将归于平淡

　　方笑薇发现自己一个人站在一片白茫茫的大雾中，周围没有人，也没有任何景物树木，更听不到任何声音。大雾仿佛浓得仿佛化不开似的，又白得近乎妖异。大雾包裹住她的全身，让她有一种窒息似的压迫感。她茫然地四处张望，却还是看不清周围有什么，也找不到方向，再看看自己，全身穿戴整齐，但脚上竟然没有穿鞋。地上似乎铺了一层粗砺的砂石，她光着的脚从她低头的那一刻开始隐隐作痛。

　　她为什么会没有穿鞋？她的鞋呢？是她丢失了自己的鞋还是有人拿走了？她开始惊慌失措地到处奔走找她的鞋，但怎么找也找不到，更奇怪的是，她怎么走也走不出这片迷雾。

　　方笑薇一个人在无边无际的绝望中徒劳地奔走、呼号、挣扎……

　　等她大汗淋漓地醒来时，一时竟不知道自己身在何处，那种令人心悸的绝望是如此强烈，以至于她醒来以后都还深深地记得。

　　她打开台灯后坐起来，看看墙上挂的大钟，两点半，正是平常人睡梦深沉的时候。再看看床的另一半，空空如也——陈克明又应酬到很晚没有回来。为什么会做这样一个梦？仅仅是丢失了一双鞋子，而自己为什么会那样着急甚至绝望？

想到这里,方笑薇睡意全消,心里涌上强烈的不安。

她平时并不经常做梦,但她的每一次做梦都预示着有大事要发生。她不能预知,也无力阻止的大事。

小学三年级的时候,她梦到有一天捧着一盆枯萎的兰草哭泣。醒来以后她觉得很莫名其妙,因为她既不喜欢养花种草,也从来不伤春悲秋。结果一个月后,身体一向健康的奶奶突发脑溢血,只在医院待了一天就去世了。三个孩子里,笑薇最像奶奶,长相像,性格也像,因此奶奶一向最疼爱笑薇,奶奶的突然去世让方笑薇小小年纪就体会到了人生无常的滋味。但她毕竟年幼,没有将这件事与自己的梦联系起来,直到后来又发生了一系列大大小小的事,事后她回忆起来,自己事前几乎都曾经做过与之相关的这样那样离奇的梦。所以,梦就是方笑薇人生的一个警铃,很长时间过后每做一个梦就是触动一次警铃,预示她有重大的事情要发生。

方笑薇痛恨这种感觉,她猜不透这次的预警又是什么,但即使猜到了,她又能怎么办呢?多少次的尝试告诉她,只有在事后,她才能知道每一次预警背后的含义是什么。

方笑薇素来有轻微的洁癖,不喜欢大汗过后浑身黏腻的感觉,她坐在床上发了一会儿呆,全无头绪,想去浴室冲洗一下。双脚触到拖鞋的时候,她心里一动,回头看看空着的另一半床,被子还整整齐齐地摆着,陈克明还没有回来。从什么时候起,他开始这样夜不归宿的?似乎是从方笑薇搬回家里以后,又好像是陈乐忧骨折痊愈后,似乎还更早。自从公司危机解除后,陈克明就好像松了一口气一样,常常就这样应酬到深夜,甚至晚了也只打个电话说一声就睡到了公司里。

方笑薇不是一个敏感多疑的人,但也决不迟钝。她一边在温热的水柱下冲洗着身体,一边细想陈克明这些时候的异样。从什么时候起,他开始应酬多起来?电话短信一个接一个,他甚至又开通了一部手机,加上原来已有的两部,他居然同时带着三部手机!难道公司的业务已经多到需要老板像个交际花一样四处周旋的地步了?

方笑薇虽然在家做全职太太,但并不清闲,因为她把自己的时间都规划得满满的,不让自己有空暇去胡思乱想,再加上前一阵子家里家外的事情太多,方笑薇去医院的次数比回家的次数还多。先是陈乐忧骨折要做复健,每周去两次医院,做了十次才算基本康复。当陈乐忧没事了,方父又病了。

　　老头子一向讳疾忌医,平时连单位体检都懒得去,退了休更不愿意求医问药的。不知从什么时候开始,先是发低烧,不想吃饭,懒得动,后来腰间居然长出绿豆大的水疱,剧痒无比又疼痛难忍,方父坐立不安老伴才察觉出异样来,掀起衣服一看,水疱都快连成一线了。

　　方母略有常识,知道这似乎就是人们常说的"缠带龙",吓得半死,因为她曾经听楼上的邻居说起过,腰间这条"龙"合拢以后人就要被缠死。老太太心急如焚,儿女都不在身边,又不敢跟老头子说,只好慌慌张张地给方笑薇打电话。

　　等方笑薇和方母一起好说歹说将老头子哄去了医院,医生说老头子得的是带状疱疹。虽然这条"龙"合拢以后人不见得就会被缠死,但老头子的病情已经很严重了,必须要马上住院治疗。明崴和悦薇都在上班,抽不出时间来照顾,就只剩下方笑薇有空,她只好和老太太一起轮流跑医院照顾他。这样前前后后一折腾,她就没有多少精力顾着自己的家。等老爷子终于痊愈,她也功成身退闲下来才猛然发现,自己家里似乎太安静了,陈克明形迹可疑。

　　方笑薇从来都不对婚姻心存幻想,也从来都不是善男信女。这些年,随着陈克明的一步步发达,事业越做越大,他身边围着的莺莺燕燕也越来越多了,方笑薇表面上不动声色,其实暗地里是防微杜渐的。因为每一段感情再激情再热烈,最终都将归于平淡,而几乎每一个婚姻都会经历七年之痒,十年之痒,甚至十五年、二十年之痒。陈克明这样的"成功人士"更是许多美女猎手觊觎的目标,她们有年轻有美貌甚至还有智慧,心狠手辣,懂得自己需要什么样的生活,更懂得用自己的原始本钱去换取她们想要的生活。

　　方笑薇如果不盯紧些,抓牢些,一旦有事,别人不会同情她是受害者,只会嘲笑她的愚蠢和大意。这个社会就是这样,仿佛一个人做主妇做久了,她就一定会跟老公没有共同语言,她就一定又蠢又胖又庸俗,活该要让位给年轻美貌懂生活的第三者似的。

　　方笑薇清楚自己既没有显赫的家世，也没有强硬的背景，所有的只是一群依赖她而活的娘家人和憎恶她的婆家人，她如果自己不小心些又有谁会帮她呢？又有谁能帮她呢？人心本来就是世界上最复杂的东西，你永远都无法预先知道，什么时候他的心会不在你身上。平淡的生活和审美的疲劳，就是婚姻的杀手。

原配夫人俱乐部（上）

　　陈克明始终弄不清丁兰希究竟在想什么。她拒不接受他给她买套好房子住的建议，也不愿意去他介绍的公司上班，一个人带着孩子就住在租来的破房子里。白天孩子上学了，她就去附近的小公司上班，当个底层的办公室内勤人员，每个月领着不多不少的一点薪水。

　　每次陈克明都是怀着一种复杂的心情来看丁兰希，他觉得对不起她，内心既有愧疚又有挣扎。他曾经想过是不是要好好补偿她一下，可他所有的补偿丁兰希都不接受。她还是那样的性格，淡淡的，冷冷的，骨子里却骄傲无比。她不接受别人的同情与怜悯，也不会被别人的漠视与冷淡给伤害，即使遭受到那样非人的折磨，她也没有变得愤世嫉俗与怨天尤人，始终平和淡定，于是陈克明更加愧疚。

　　陈克明也曾经有过一闪而逝的疯狂念头，但很快就被自己大力镇压下去了。他知道那不现实，而且他也舍不得方笑薇和女儿，那是他最亲的人，他与她们的联系已经深入血脉，一旦连根拔起，自己将痛不可当。

　　丁兰希也说不清楚自己究竟在干什么，既然已经下定决心不接受来自陈克明的任何补偿了，为什么还要默许他一次又一次地来看她？其实她和他比任何人都清楚,他们两个再不可能恢复到从前。两个人之间相隔的岂止是鸿沟,简直是一条巨大的河流。十几年的时光不是说忽视就能忽视的,即使时光倒流,他们依然会如同有过交集的两根线,尽管朝着同一方向而去,但永远不会再有第二次交集,错过了就是错过了,错过了就不应该再相见。

丁兰希在本市是没有亲人的,她是个孤儿,唯一肯收留她的亲人是她父亲的一个堂弟,她就是在这个堂叔父家长大。尖酸刻薄的堂婶对她的冷嘲热讽让她的童年没有幸福可言,甚至一度让她以为自己真的是堂婶口中克死父母的"扫把星"。丁兰希考上大学后,终于逃离了那个冰冷的家,她发誓永远都不会再回去。

是的,正是她的这个誓言,让她在面对陈克明的母亲时变得根本没有退路,她既不能与陈克明再继续下去,也没有家可回,唯一的出路只有远走高飞。人生就如同下棋,一步错,步步错,她为自己的年轻和善良付出了巨大的代价,难道现在就该向他讨回来了吗?丁兰希也不敢再继续想下去,她的生活一团混乱。

人一旦起了疑心,看什么都觉得有可疑之处。方笑薇现在就是这样。她去电信营业厅打了陈克明的话费单,长长的单据和数以千计的电话号码看得她头昏脑涨。陈克明在家的时候,只要他来了电话,方笑薇就悄悄地在一旁观察他说话的神情。当然,和肥皂剧里教导主妇的一样,方笑薇还在陈克明洗澡的时候偷偷翻看他的手机通话记录和过往短信,企图找到暧昧短信。

一无所获。但方笑薇并没有放下心来,她的直觉告诉她,事情没那么简单,如果不是陈克明过往历史太清白,那就是他太狡猾。到底是哪一样,方笑薇并没有主意。

就在方笑薇犹豫不定的时候,于副局长的老婆田辛给她打电话了,神秘兮兮地说要带她去见见世面。

方笑薇正觉无聊,田辛的提议正合她意,于是她爽快地答应了。两人约好一起到田辛家附近的茶室见面,挂电话前方笑薇叮嘱田辛不要开车,她会开车来接她。见识了几次田辛的开车技术之后,方笑薇实在是怕了她了,田辛的风格就如同她本人一样鲁莽,开起车来总是不管不顾,一味冲刺,一遇红灯就手忙脚乱,错把油门当刹车,连警察都吓了一大跳。方笑薇坐了一次就不敢再领教第二次。

两人见了面以后,方笑薇有点意外,田辛今天居然没有穿她那些紧绷绷的花哨上衣和肥大的裙子,而是穿了件浅紫针织两件套的开衫,配着深灰的休闲长裤,肩上挎着个宽大的暗金色的大包,全身上下既没有花朵也没有亮片。要知道,大花大朵和珠子亮片都是田辛的最爱,想让她放弃这些最爱有多不可能,方笑薇早就试过了,也放弃了。

说来好笑,方笑薇从田辛身上发现一个奇怪的定律,那就是越是胖人越是喜欢穿紧绷的衣服,好使自己显得瘦点,结果不但不显瘦反而让人看得更难受——谁愿意看到别人身上被衣服勒出一条一条的横肉呢?田辛以前就是这样。她整个青春期都是在军营里度过,除了军装绿她没穿过别的颜色,本该花红柳绿的年纪一片灰暗,这间接导致了她以后对穿着打扮的品位和时尚流行的敏感度总也上不去,因为她在本该放肆打扮、努力提高的年纪错过了,而这种东西一旦错过了就永远也补不回来了。

今天不知怎么回事,田辛的穿着显然与她本人风格很不相符,看似随意其实可不简单。方笑薇不禁上下打量了田辛好几眼,开玩笑说:"行啊,田姐,越来越漂亮了啊。瘦身成功啊。"田辛嗔怪地看了她一眼,埋怨道:"还拿我开玩笑看我不撕了你的嘴!上次你骗我去瘦身我还没找你算账呢!你说什么来着,进去的是沈殿霞,出来的是张柏芝,结果怎么样?进去的是沈殿霞,出来的还是沈殿霞!只不过稍微小了一号而已!"

方笑薇大笑:"田姐,我怕你瘦得太厉害,你家老于会认不出你,所以交代医生不要对你下狠手。你看,你现在多好!太瘦了就不富态了,瘦了巴叽的哪还有什么旺夫相呢?"

旺夫相是田辛一直以来引以为傲的事,动不动就拿来说事。方笑薇的话正好提醒了她,她得意洋洋地笑笑,又突然想起什么似的,急急忙忙地说:"差点就忘了正事了,我带你去个地方。"她一边说着一边打开车门坐进去,方笑薇也坐进驾驶座发动车子。

在田辛的指点下，方笑薇开车一路穿过闹市区往郊外开，最后又驶入一条安静的小路，拐过弯之后，视野豁然开朗，一栋浅灰色的两层西式小楼呈现在面前。"到了，停车吧。"田辛说着率先开门下车。方笑薇疑惑地锁好车紧跟在她后面，走进了小楼才发现小楼的设计略带巴洛克风格，外观简洁雅致，造型柔和装饰不多。外墙是石头砌成的，围墙是黑色镂空花的铁栅栏，以方笑薇外行的眼光来看，巴洛克风格最好的伙伴应该就是黑色的铁艺。大门居然是厚重的橡木，门口一块黑色的牌子上没有写汉字，只錾着几个金色的英文字母"F.W.CLUB"。

方笑薇看到牌子有一瞬间的失神，FW 是什么的缩写？她回头看到田辛，后者正微笑着看她："小方，这就是我要带你来的地方——'原配夫人俱乐部'。"

原配夫人俱乐部（下）

　　方笑薇恍然大悟，原配夫人可不就是 First Wife 吗？看来这个俱乐部的发起者一定看过这部英文名字叫《The First Wives Club》的电影，从这栋小楼的装饰风格来看，这个人一定还受西方文化很深的影响，绝不仅仅是留过洋刷过盘子或者做过陪读夫人之类的那么简单。

　　田辛看着她若有所思的样子，笑着推了她一把："走吧，还发什么呆啊，进去吧。"说完田辛从包里掏出一张卡，对着橡木大门上雕花的饰物平平地推进去，"嘀"的一声轻响，厚重的大门自动打开了。田辛收回卡，率先走进去。

　　方笑薇随田辛走进去以后才发现，这幢外观平平的小楼竟是别有洞天，简洁的外表下掩藏不住的是内里呼之欲出的奢华。充满欧式风情的大厅在开放式的设计下，流畅自然；一架 S 形的旋梯蜿蜒而上，连接了二楼的空间；巨大的水晶吊灯造型别具特色；大厅里摆放的家具古典而豪华，细节处的雕花和线条精致而婉约；沙发华丽的布面与精致的雕刻互相配合，把高贵的造型与地面铺饰融为一体。大厅的金箔彩绘在典雅婉丽的沙发衬托下，气质雍容，整个大厅给人奢华富丽而又温馨舒适的感觉。

　　大厅里人很多，间或有服务生端着盘子穿插其间，但并不显拥挤，中央空调在隐秘的各个角落送来清凉的风，田辛轻轻地说："这是一个有钱人的太太们交际的场所，也许不一定是所谓的'上流社会'，但来这里绝对能获得你想要的东西。"

方笑薇反问："任何我想要的东西吗？"

田辛别有深意地笑："是的。来这里你会听到各种有钱人家的秘事，偶尔获得几条商场上至关重要的信息，学会怎样抓住老公的钱和心，甚至从别人那里获得跟二奶和小三打持久战的经验。这些，对你来说不就足够了吗？不过，这里有条严格的入门规定，那就是只有原配夫人才能来。钱和地位当然很重要，但如果你不是元配，有再多的钱也没用，这里不欢迎二奶和小三。"

方笑薇会心一笑："我想我会很喜欢这个地方。"

田辛拍拍她的肩膀说："你先慢慢看，我有几个朋友在这里，我先去跟她们打个招呼，一会儿过来介绍你入会。对了，这里每年的会员费要两万，你不介意吧？"

方笑薇笑着冲她摆手，示意她可以放心离去。田辛于是端着酒杯走进人群中，方笑薇目送她离开后，将目光移到周围的墙上。

四周的墙上次第挂着很多油画，全部是世界名画的复制品，大小都有。由于大厅很大，这些油画错落有致地挂在墙上并不显得很局促。方笑薇仅认识其中一幅是拉斐尔的《西斯廷圣母》。这是她最喜爱的油画之一，在她的起居室里也挂着这么一幅，只不过尺寸比这个小很多。画上的圣母身穿绿色斗篷和红色上衣，赤着双足，怀抱耶稣，头上既没有表示神的光环，也不戴宝冠，显现在光辉普照的天上，似乎正在挪动轻盈的步子，从云端里走下来，但又好像凝滞不动，露出期望的表情，目光晶莹，面貌圣洁。

"你一定也很喜欢这幅画。"一个声音在方笑薇背后响起，她赫然回头，看见在自己身后两三米的地方站着一名女人，四十岁上下，穿着得当，保养得宜，气质很好，有些看不太出真实的年龄。

虽然是陌生人，但方笑薇没来由地觉得亲切，她转过身来，目光似乎还在画上流连："是的，这幅画上的圣母既像个善良的人间女性，又具有女王式的威严。

每次看到这幅画，我都在想，圣母到底这个时候在想什么？

"圣母抱着圣子降落人间是为了献出自己的儿子，拯救人类。她这个时候一定想不到愚蠢的人类最后会恩将仇报将她的儿子钉上十字架。你也许还可以顺便看看旁边那幅《下十字架》，圣母悲痛欲绝的表情才更像个平凡的母亲。"

方笑薇说："你对西方宗教历史和文化艺术这么熟悉，我猜——你一定是这家俱乐部的老板？"

那个女人莞尔一笑，伸出手来："你很聪明，而且还有敏锐的观察力和判断力，是的，我就是这家俱乐部的发起人，我叫冯绮玉。"

方笑薇握住她的手："我叫方笑薇。"

冯绮玉笑容加深："我不但知道你叫方笑薇，还知道你有个网名叫'薇罗妮卡'。"

方笑薇微笑的表情瞬间凝固："你是怎么知道的？"

冯绮玉似乎对她的震惊一点也不在意："因为我就是'接吻猫'，而且我恰好还曾经是一名电脑工程师。"

方笑薇有一瞬间产生了隐隐的不悦，她没想到她一直紧守的秘密在冯绮玉那里居然不是秘密，而且"薇罗妮卡"这个身份的曝光让她有种赤身裸体站在大庭广众下的感觉。

冯绮玉敏锐地捕捉到了她情绪的波动，歉疚地说："很抱歉，我其实也是无意中才发现的，在我们最后一次连线的时候，我说了我们要暂停与论坛相关的一切活动。可是我忘了跟你约定联系方式，而且等了很久也不见你重新上网连线，所以我只好根据你的 IP 地址和你平时透露的点滴信息综合起来找你。我也是前不久才确定你的身份，正好你的朋友田辛说要介绍你入会，我问过以后才敢最后断定你就是薇罗妮卡。"

方笑薇点点头，刚刚的不悦消散了，随之而来的是淡淡的喜悦——自己曾经日思夜想猜测"接吻猫"的真人是什么样子，脑子里有过千百种形象，现在见到了冯绮玉才觉得，"接吻猫"就应该是这个样子，成熟、睿智、而且优雅。

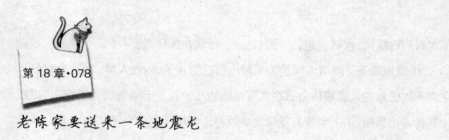

老陈家要送来一条地震龙

　　方笑薇既骄傲又不舍地送走了陈乐忧，母女俩机场离别的时候眼睛都红红的。从出生起一直到十六岁，陈乐忧从没有离开过方笑薇超过三天，这次居然要分开一个月以上，方笑薇差点就反悔不让女儿去了。陈克明虽然也舍不得女儿，但不像方笑薇那样婆婆妈妈，他好说歹说才分开这母女俩，其实主要是把陈乐忧从方笑薇那里解救出来。

　　机场人很多，陈乐忧已经频频用眼睛扫描旁边的同学了，生怕他们看到方笑薇这依依不舍的样子会笑话她。从明天开始，陈乐忧就要和学校乐团一起参加欧洲十四国巡回演出了，首站是华沙，终点是维也纳。来回的时间要将近一个月，要不是放暑假，陈乐忧不会有机会再参加这么大型的演出了，下个学期就是高三，她恐怕接下来的这一年都不会有时间再去碰琴了，更不要说和乐队的同学们一起合练和演出了。

　　陈乐忧所在的学校乐团是北京市最有名的青少年交响乐团，参加过很多次重大的演出活动，出国交流是常有的事。陈乐忧从初一加入乐团开始，一步一个脚印，付出了巨大的努力才坐到了小提琴副首席的位置。因此，她非常珍惜这次的机会，当老师询问她的意见时，她几乎是不假思索地就说去，并极力争取才说服了妈妈,得到了方笑薇的点头同意。

陈乐忧虽然也舍不得离开爸爸妈妈,但前面充满刺激和精彩的生活正等着她,旁边还有一大群志同道合的同学和老师围着她,这使她只伤感了一会儿就忘了和爸妈离别的不舍,重新又兴高采烈起来。

方笑薇隔着玻璃看着她神采飞扬的样子,恍然又回到了十几年前自己那青葱岁月,几乎舍不得移开眼睛。陈克明半哄半劝把她拉走了,不让她再继续看下去。在回去的路上,夫妻俩都有些沉默,习惯了有女儿在家唧唧喳喳热热闹闹的生活,这下子要清静一个月了,夫妻俩都有些不知所措了。

方笑薇坐在车里,想到女儿要离开家那么久,尽管有老师照顾,但她还是有些担心,在给陈乐忧准备行李的时候,方笑薇塞了大量女儿爱吃的零食和近二十种药品,包治了从头痛发烧到胃疼跌打等一应疾病。另外,她还准备了好几包各种型号的卫生巾也给塞进去了。女儿在旁边看得哭笑不得,然后母女俩在家里拉锯一样,你刚刚塞进去一些东西我又偷偷给扔出来。到最后,陈乐忧的行李箱还是很庞大,不过到了机场,她发现同学们的行李也不比她的小,于是才心安理得起来,原来天下做父母的心都是一样的。

家里少了陈乐忧,一下子冷清了很多,方笑薇做什么事情都有点心不在焉。陈克明在一天早餐时轻描淡写地告诉她一个消息,小姑子陈克芬的儿子小武多次从职业学校逃课到校外上网,几天几夜地泡在外面的网吧里通宵打游戏,还因为一点小事就和同学大打出手,几次都动刀动棍的,学校警告多次没有效果,最后只好通知家长把他开除了事。小武回到家里变本加厉,索性白天黑夜都泡在镇上的几个网吧里,连家都不回了。陈克芬夫妇无力管教,因此老太太拍板把他送到北京来,让做舅舅的帮忙管教一下,这几天就要动身了。

方笑薇像看天外来客一样看着陈克明,等他把话说完,方笑薇压住心中的火气问:"你这是和我商量还是就只是通知我?"

陈克明意外地问:"这有什么分别吗?"

"当然有分别,如果你是和我商量,那么我不同意把小武弄到北京来,如果你只是通知我,那我无话可说。"方笑薇不想失态,尽量长话短说。

"笑薇,你怎么会这么想?小武是我外甥,现在克芬两口子没办法了,我不管他谁管他?难道就让他这样堕落下去?"陈克明一脸的不高兴,报纸重重地拍在桌子上。

"你凭什么认为你就能管好他?他连他父母的话都不听了,他凭什么听你的话?克芬两口子是干吗的?他们的孩子凭什么让你来管教?他们自己早干吗去了?再说了,你想好怎么教育他了吗?你自己什么主意都没有,听了你妈的话就同意了?"方笑薇的问题像连珠炮一样,一个接一个,陈克明应接不暇,恼羞成怒:"方笑薇,你不要太过分!你有事说事,不要扯到我妈那里。这个家我说话还算数吧?小武来了能怎么你啊?不就多一双筷子,多一张床的事吗?你做舅妈的怎么就那么心胸狭窄?克芬是我妹妹,她的儿子还不是跟我自己的孩子一样?你能把忧忧教育好,顺便管教一下小武怎么了?你怎么就那么自私矫情?除了忧忧和你的娘家人,你眼里还有谁?小武来的事没得可商量,你同意得来,不同意也得来!你自己看着办!"

陈克明气冲冲地收拾东西出门去,剩下方笑薇一个人坐在沙发上气得连话都说不出来。对于陈克明的非难和指责,她从提出异议起就早有心理准备,但有准备是一回事,真正碰到了还是被气得够呛。

从前两人刚结婚的时候,对于一些可有可无的小事,陈克明喜欢让方笑薇去做主,借此来标榜他"尊重女性"、"爱老婆"的好男人形象。而一旦碰上老陈家的事,不论大小,都是陈克明说了算,陈克明要怎样就怎样,方笑薇争吵也好,撒娇也好,哭闹也好,陈克明或许会软化,会有一点妥协,但不会改变最初的决定。这些方笑薇早就试过了,也不再作无谓的努力了,因为只要是事关老陈家,陈克明就会变得极度不可理喻。

小武来了会引发什么样的地震,现在方笑薇已经想都不敢想了。她不是没见过电视里的网瘾少年,他们因为常年躲在阴暗的网吧里上网而脸色苍白,神情冷漠;因为总是沉浸在虚幻的网络世界里而意识模糊,有的甚至分不清现实与虚幻。这些都还不是最可怕的,因为方笑薇并不惧怕管教一个单纯患有网瘾的少年。真正可怕的是,这样一个少年不但患有网瘾,还是在一个阴盛阳衰的家庭里长大,来自外婆和母亲的过度的溺爱和放纵,以及父亲角色的缺失,让他性格变得扭曲而且极度自私自利。这样的人,简直无药可救。

　　陈克明现在的一时冲动接下这个担子,将来他一定会要为此付出代价。这是一个脱卸不掉的重任,一旦接收了就要负责到底。陈老太太打的什么算盘,陈克明或许不清楚,但方笑薇可是一清二楚。不过,方笑薇还不想要弄到鱼死网破的地步,她不会轻举妄动。

陈式太极推手

　　争吵已经没有任何意义。陈克明真正决定的事,任何人都没办法改变。方笑薇从多次的经验中已经知道,这次陈克明是下了决心的,小武来北京的事已经是箭在弦上不得不发了。她再怎样吵、怎样闹也改变不了这个事实,但一点也不吵不闹,只会让陈克明觉得她方笑薇性格软弱好欺负。所以尽管她心里已经无奈地接受了这个事实,但陈克明那里也不是铁板一块,他也是可以在大原则不变的前提下妥协退让一小步的。

　　这妥协就要看方笑薇的本事了。所以她表面上的功夫还是要做足的,不但要吵,而且接下来还要冷战几天,这样,陈克明才会觉得胜利来之不易,才会允许方笑薇谈自己的看法,才会在以后作决定时也稍微考虑一下方笑薇的态度。尽管这考虑也许只是短时间的迟疑,但日久天长也会变成很大的影响,方笑薇要的就是这个效果。这就像夫妻俩在玩太极推手一样,你来我往,你推我挡,一招一式间,自有固定的套路。

　　晚上,陈克明回来的时候,已经十一点多了,方笑薇正倚在床上看书,听到陈克明上楼的声音迅速把书一扔,缩到被窝里侧过身子闭上眼睛假装睡觉。谁知陈克明看都没有看她一眼,直接进了浴室。随即一阵哗哗的水声响起,陈克明已经开始洗澡了。方笑薇躺在被子里恶狠狠地想：不可原谅。

陈克明沐浴完毕走了出来，随即被子拉开，床的一侧轻微地一沉，方笑薇更加用力地闭上了眼睛。一只忙碌的手伸到了熟悉的地方，方笑薇一动不动，身体僵硬。随后另一只手也越过界来搭在她身上，两只手一用力就把她翻过来。方笑薇被动地压在陈克明身上。

方笑薇不想和他对视，把脸别过去，余怒未消。陈克明又把她的脸扳过来，然后深深地吻下去。一阵天旋地转，方笑薇又被压在了下面，睡衣的带子依次拉开，内裤也被陈克明快速地褪下，扔到一边。热吻落下，右乳上倏然一热，酥麻的感觉从心底里隐秘的角落升起，随即一个硬硬的东西抵在方笑薇两腿间，盘旋几下就顶了进去。方笑薇象征性地挣扎了几下就全面投降了。熟悉的体重和压迫感，熟悉的前戏和节奏，一切都是那么轻车熟路，熟悉得好像对方已经成为自己身体的一部分了。方笑薇又一次被这种熟悉感打败了。可恨！她最后一刻还在想。

激情的轻喘和律动平息后，两人依偎在床上，四肢在被子下交缠，半天都没有说话。陈克明脸上有淡淡的须后水的味道，嘴里也没有酒肉过后的污浊之气，口气清新——明显是用了漱口水的缘故，方笑薇闻着这淡淡的薄荷青草气一下子就心软了，从心底里悄悄地原谅了他，有那样一个妈，有那样一个妹妹，公司和家里都要靠他支撑着，他也不容易。想起当初夫妻俩同甘共苦的艰难岁月，两人在外面受尽白眼与冷落，在家里却好得如同蜜里调油。但凡方笑薇有个头疼脑热的，哪一次不是陈克明做汤做羹变着法子地调停她？怎么反倒日子好过了，两个人却日渐生疏？难道从此以后就真的要这样渐行渐远？

到底是夫妻，不用说话陈克明就知道方笑薇其实已经软化了，他轻轻地搂着她，粗糙的手在她光裸的后背上滑过，声音低低地说："只有一年。要是一年里他还没有长进，就把他送回老家。"

方笑薇把脸埋在他胸口，闷声说："只有一年。"

"只有一年。"陈克明再次确认。

"不能把他带到公司里去。"方笑薇说，头还是没有抬起来，她听到陈克明胸膛起伏的声音:"好。"

有了陈克明的承诺,方笑薇似乎看到了暗无天日下出现了一线曙光,既然陈克明给出了确切的截止时间,那一切的折磨也就有了尽头。方笑薇打起精神来打点一切,她指挥着小夏快速地收拾出一间客房来,既然来了,而且还要在这里长住,方笑薇不得不作些中长期的准备,将一年四季的衣物被褥都打点出一份来,又安排小夏将楼下的客用卫生间也收拾了一遍,将日常的洗漱用品补充进去。

正在忙碌间,马苏棋的电话来了,她是闻信而来声援她的。方笑薇一边走来走去地指点小夏将东西放置在各个位置,一边跟她闲聊。

马苏棋在电话的那头替她声讨:"你婆婆什么意思?提前送来一个财产继承人要你们先培养着?"

由于有小夏在场,方笑薇不好说太多的气话,只好轻声细气地说:"她打的就是这个主意。"

"太过分了!你们又不是没孩子,忧忧这么优秀,他们还要送来狗屎似的这么一个人物来,简直不要脸!你也太好说话了!方笑薇,你不会这么没用吧?"

方笑薇苦笑:"我就是这么没用。人明天就要来了,我现在在收拾屋子。不过,陈克明说了,只有一年。"

马苏棋不等她说完就急速地说:"请神容易送神难哪!进了你的家门了你还怎么赶他走?一年过去了,还有两年,三年,他要一直这么待下去,赖在你家了你怎么办?你看不出来吗?陈克明他明明是在敷衍你……"

方笑薇再次苦笑:"我知道,你不用一再地提醒我了。我现在心里很难受,拜托你不要再雪上加霜了好不好?"

马苏棋立刻在那边哇哇大叫:"薇薇!我是在帮你!忠言逆耳啊!你这样退让有意思吗?不行你就跟陈克明闹,吵,吵到他投降为止!不信姑奶奶治不了他!"

方笑薇不想再听下去了,她装作一片茫然地对着电话"喂喂"几声,然后自言自语地说:"怎么什么都听不见啊?难道线路又有故障了?"说完不顾马苏棋还在那边义愤填膺就把电话挂断了，然后又把话筒挪开放到旁边，这样谁的电话也打不进来，耳不闻为静。

方笑薇这时候需要的不是一个替她出谋划策的军师——什么样的主意她自己不能想出来啊？她需要的是一个能好好听听她倾诉的垃圾桶——不会泄密而且能适时地安慰一下她，但马苏棋向来就不是这样一个合适的人选。

马苏棋脾气急，人就像个装满了火药的大炮仗，一点就炸，倒比她这个当事人还要气愤。人跟人真是不能比啊，有人辞官归故里，有人漏夜赶科场，要是方笑薇也是马苏棋这副脾气，只有两种结果，不是早八百年就离婚了，就是把那个巫婆样的婆婆收拾得服服帖帖——这样的人不是没有过先例，方笑薇小时候见过的邻居叔叔就是这样，有一个母老虎一样的妈，结果娶来一个比母老虎还要厉害百倍的母夜叉做老婆。几次交锋之后，母老虎败下阵来，被收拾得一点脾气没有，老老实实在家里做小伏低，家里反而太平无事。可方笑薇只是方笑薇，有知识，要面子，重感情，这些都是她的死穴，一点就中，而且还动弹不得。

"薇罗妮卡"之窗

　　与"接吻猫"的意外相遇让方笑薇又一次被动地走上了分析股票的道路。她也曾经有那么一闪念的工夫,想过要凭自己的本事去股市挣大钱,但钱挣到多少才是尽头? 不是所有东西都能用钱买得到的,也许在她全心全意在股市搏杀的同时,她也会失去很多东西,比如对女儿成长的关注,对老公的关心,对家里人的照顾等,这一切也许会让原本安宁的生活变得危机四伏。

　　在一个家庭里,如果已经有了很明确的角色分工,而且这分工大家都还满意的话,那就应该让它一直这么进行下去,而不是朝三暮四,一会儿一个主意。变化带来新奇感的同时也会打破原有的平衡,而重新建立平衡又是一件旷日持久而且危险的工程,一个不小心就会全军覆没。

　　她不好意思告诉冯绮玉,由于最近家里事情很多,她已经有几个月都没有再写股评了,虽然还在继续关注股市和大盘,但较长时间的不深入已经让她的盘感没有以前那么好了。在俱乐部分别的时候,冯绮玉只说自己马上要出差,要她留神注意看那个"带头大哥"的博客。方笑薇觉得她似有未尽之言,但因为时间仓促,她来不及细问。

　　方笑薇为小武的到来收拾了一通之后,算算时间,最快他也得明天下午才到，从现在到明天还有将近一天多的时间，忧忧去了欧洲，娘家现在太平无事，她目前也没什么可操心的了，终于有空让她再有整块的时间上网了。她打开 IE 浏览器，搜索到了神秘的"带头大哥"的博客。果然看到了自己的专栏"薇罗妮卡之窗"，而且让她吃惊的是，这个专栏最近一次的更新时间居然是昨天！方笑薇清楚地记得自己总共在那个秘密的论坛上只发表过一百五十三篇股评，后来就因为论坛被关闭，自己有事而暂停了，那这专栏上所列的后面的二十七篇股评是哪里来的？是谁在冒她的名字写评？

方笑薇随手点开其中的一篇，最近的盘感似乎还不错，而且行文的风格包括点评的语言也像方笑薇本人的口气，如果不是特别确定，连方笑薇都要怀疑是不是自己在梦游中写了这些稿子贴上去了。

方笑薇再点开"带头大哥"的几篇股评，里面无一例外都以"今天的股市走势正如我所预料"来开头，里面充满了大哥式的飞扬与跋扈："……我推荐的长线股票，你非要当短线股票来做，造成亏损算谁的？我已经写得很清楚了，你没有按照我的说法做，被套了是你自己的事！我说这只股票会涨那它就一定会涨，不相信我的话就是跟钱过不去……"

如果说方笑薇看了这些狂妄之词还只是觉得好笑的话，那么在看到有关自己的部分就再也笑不出来了，在"带头大哥"最近的一篇纪念开群一周年的帖子中，方笑薇赫然看到包括"薇罗妮卡"、"接吻猫"等众网友的名字在内的一长串名单。这个长长的名单据说是"带头大哥"神功初成，横空出世时的一百零八将。在"带头大哥"的理念里，这一百零八将内不乏技术高手，只是火候差了点，经过他稍加点拨后，这一百零八将就马上开始横行江湖了。

有了前面那些铺垫，"带头大哥"就公然宣称他不是一个人在单打独斗，他的身后有一个精英荟萃的庞大团队在给他提供技术支持，而"薇罗妮卡"等人就是他号称的庞大的"精英团队"中的一员。

"带头大哥"组建了十几个群来带领大家以集体的力量"共同致富"，当然这些群都是收费的，"带头大哥"解释说是天下没有白吃的午餐，你要挣大钱就要付出相应的代价。方笑薇看得嗤之以鼻，股市没有神仙，这个"带头大哥"却敢大言不惭地说："我是你们的保护神！"夸下如此大的海口，看他怎么收场！

再看看带头大哥公告里那些极富煽动性的语言："跟上我的就等于跟上钱了，没跟上的，你们曾经跟着我赚到的钱都会归还给市场，因为你们没有独立战斗的能力。"底下是收费建群的通知，费用为八千元每年。

方笑薇看看那些成千上万条留言，谀辞如潮，全是歌功颂德之语，就差像那些被洗了脑的神龙教徒一样喊圣教主"仙福永享，寿与天齐"了。这些人都疯了。一群狂热的乌合之众在一个居心叵测的神秘人的带领下，狂奔在一条不知名的道路上，前方是铺满鲜花的天堂还是荆棘遍布的地狱，这些人都已经顾不上了，方笑薇第一感觉就是这样。"带头大哥"点评的是股票，收敛的却是钱财，一个隐了形的神秘人藏在幕后呼风唤雨。

方笑薇因为长期写评，对财经新闻很敏感，也关注一些国外的重要经济新闻，虽然远远没有达到能宏观把握的高度，但也不是全然陌生的。国外的资本市场相对来说比较成熟，股评家早已为行业分析师所代替。分析师虽然分析的是公司，但往往从行业着手，分析师要了解公司的成本、利润，然后再与同行业的其他公司对比。有可能的话，分析师还要跟员工、客户、竞争对手进行交流，对上下游进行调查，最终对业绩得出判断，进而给出投资建议。当然，还必须了解并综合考虑物价指数和消费者的消费水平等宏观因素。

而现在中国资本市场上很少有这样的行业分析师，大部分的是市场分析师，也就是像方笑薇和冯绮玉这样的或专业或业余的股评家。他们通常只是看大盘，看阴阳线，然后告诉投资者庄家现在处在什么阶段了，后市如何等，几乎不分析公司本身，也不作行业分析。

由于市场的不成熟和不健康，国内的资本市场上还充斥着大量名为市场分析师，实为"庄托"的伪股评家。这些人只要用钱就能收买，昧着良心给作假的上市公司做帮凶，为虎作伥，几乎比虎本身还要可恨，像欧阳峰的蛇毒一样流毒无穷。毫无疑问，这个"带头大哥"不是借收费开群之机大发横财，就是伪装成老实无害的专家给庄家做托儿，最怕他是两者皆有。

方笑薇在以前的那个股评论坛里发帖子的时候，因为跟"接吻猫"是单线联络，她并不清楚其他人的情况，而且因为大家都是隐身出现的，只凭着对股票的热爱才松散地聚集在一起。既不像一个严密的组织，也不像一个成形的团体，所以现在面对"带头大哥"这样有组织有预谋的行动，单打独斗是没有办法动摇他的根基的。况且，到现在冯绮玉也没有查出来到底谁是内奸，那就连论坛里的许多人都不可靠。

方笑薇顾不上看这些触目惊心的留言和公告了，她对着电脑发呆：接下来该怎么办？找出这个"带头大哥"来质问他？问题是上哪去找？当务之急是赶快与他划清界限，制止他再假冒"薇罗妮卡"和众人的名义继续骗钱。可这时候自己的一己之力是多么微薄，怎么可能斗倒这个可怕的神秘人？他身上已经依附了太多的受众，这一百零八将里虽然不可能全部都是他的幕僚，但也肯定有很多人是他的帮凶，他现在无疑已经成了股市潜在的一股暗流，寻常的一点微风是动不了他的。

方笑薇不想鸡蛋碰石头，她想这件事冯绮玉肯定知道，而且必然也会有想法，那么自己唯一能做的就是等她回来与她一起商量对策。可冯绮玉有自己的其他事业，"原配夫人俱乐部"不过是她一时兴起的即兴之作，并不是她的主要方向，因此她每个月也就只有几天会在北京，俱乐部的一切事情都是交给专门的理事处管理，她自己基本上就是个甩手掌柜兼空中飞人，说要出差就立刻不知道在世界的哪个角落，方笑薇真正是一筹莫展。

正在方笑薇心神恍惚的时候，陈克明的电话打来了，告诉她自己早上走得匆忙，将一份重要文件落在家里了，本想让司机来取，谁知司机把车子送去保养了，因此让方笑薇亲自开车给他送一趟。

公司里来的新经理

因为不想给人造成"夫人干政"的印象，方笑薇很少去陈克明的公司露面，也不去搞些名义上送爱心，实际上刺探敌情的小动作。这一点，陈克明很满意。他的损友老王，就有个出了名的泼辣货老婆，要是别人是个醋坛子的话，她至少是个醋桶，时不时地就要打扮得花枝招展地去老王的公司招摇一番，跟老王表演一下"夫妻情深"的肉麻戏码什么的以宣示主权，搞得公司隔三差五就要鸡飞狗跳一次，简直是丑人多作怪。老王颜面尽失，忍无可忍，离婚的念头已经不是三夜五夕了，朋友聚会上还要成为一干损友的笑柄。

方笑薇放下电话，没有立即就走。毕竟是去公司，再怎样也要注意陈克明的面子，蓬头垢面素着一张脸就去了，不但陈克明脸上无光，连公司员工也会觉得她寒碜。她开始稍事打扮，换了件衣服，补了个淡妆，两腮处打了些阴影，将头发重新梳过，手法熟练地绾了个髻在脑后，用一根做工精致的梅花簪子簪上。

这梅花簪子是奶奶的陪嫁，从方笑薇懂事起，奶奶就多次说过这支簪子将来谁也不给，只留给方笑薇，奶奶的偏心一向是毫不掩饰的。因此奶奶脑溢血去世后，这支簪子就由方母替她保管，在方笑薇出嫁时给她做了陪嫁。为此只比她小三岁的妹妹悦薇一直心怀不满，觉得老太太包括老妈在内都严重偏心，明明有两个女儿，却只喜欢一个方笑薇，什么好东西都只留给方笑薇一人。尽管方母后来做了很多补偿，比如在悦薇结婚时单独给她买了套很有分量的上海"老凤祥"的结婚金饰，但悦薇心里的疙瘩却是怎么也解不开了。

梅花簪并不十分贵重，但绝对是做工上乘的精品，小小的一朵金梅花，用上了烧蓝和点翠工艺，旁边的花蕾是一块指甲大小的玛瑙，原来的银流苏已经掉了，陈克明后来见方笑薇十分喜欢，就特地叫人拿给专门做首饰加工的工艺品店修旧如新，还镶了细细的金流苏，让它古典中又带着点精致奢华的意味。方笑薇最喜欢这支簪子，尽管陈克明后来给她买了不少贵重的首饰，但她平常戴的还是这支梅花簪。

方笑薇开车到了陈克明公司楼下，前台的小姑娘半年前在方笑薇来公司帮忙查账时见过，因此恭敬地叫了声"陈太太"就直接放行了。方笑薇微笑着点头作答，抬手阻止了前台小姐要打内线上去通知的行动，说了声："不必通知了，我是来送东西的，马上就走。陈总已经知道了。"待前台的接待点头后，方笑薇直接坐着电梯上十六楼行政办公区。

在电梯里的时候，方笑薇还在想，真是铁打的营盘流水的兵啊，当初和陈克明一起打天下的公司元老已经走的走，辞的辞，总共也没剩下几个了。就连前台，她也是来一次就见一副生面孔。

方笑薇下了电梯，拐过弯走入办公区，负责接待的办公室内勤小李看到她来赶紧满面笑容地站起来，一边叫她"陈太太"，一边领着她往董事长办公室走。

方笑薇只来过几次公司，次次都是小李接待。她很喜欢这个小姑娘，人很聪明机灵，不卑不亢的，又会看人眼色，而且身上还有股沉稳的劲儿，实在是适合做接待工作的一把好苗子。也许多磨砺个两三年，让她去做公关经理也有可能，当然，前提是她不骄不躁，继续这么踏实地干下去。

路过会议室的时候，方笑薇无意中往里面看了一眼，会议室的门没有关严，里面的声音清晰可闻，方笑薇驻足听了一会，又透过门上的玻璃看到里面的情形，顿时微露不悦之色。小李看着她的脸色不悦也没有多嘴，更没有催促她往前走，只静静地在一边负手候着。

在会议室里面，一个穿着套装，打扮干练的主管模样的年轻女人正在气势汹汹地训话，被训的那个人也是女人，一副逆来顺受的样子，低着头不停地道歉，看样子应该是她的下属，看着已经泣不成声了，那个主管尖锐的声音还在不依不饶："……你说，你为什么在这时候怀孕？为什么不早打招呼？你这时候提要求要换工作岗位了，让公司上哪找人接替你？签合同的时候你为什么不提出来你今年要怀孕生孩子？你要生孩子干吗不在家待着，反而在公司里白占着这么一个职位？你知道你给公司造成多大损失吗？……"

方笑薇见不得这个女人一副猖狂的样子，虽然她口口声声说都是为了公司，但方笑薇不喜欢她这副咄咄逼人的腔调，这公司又不是她开的，她有必要这么训人吗？大家都是女人，谁都有可能会遇到意外不幸中奖，谁都有可能要怀孕生孩子，特殊时期可以通融的就通融一下，能照顾的就照顾一些，何必那么冷血？自己家这个公司只是做外贸的，又不是要上流水线的实业企业，一个女员工怀孕能给公司造成多大的损失？真正是小题大做。看来在职场上女上司比男上司更难伺候。

方笑薇在那静静地听了一会儿，觉得那声音实在刺耳，不由得回过头来问小李："她是谁？"小李轻声说："是新来的人力资源部经理，叫周晴。"方笑薇一边跟着小李走，一边不经意地问："哦，是这样。她来了多久了？"

小李一边走一边回答："周经理来了有将近半年了。原来的金经理辞职以后，陈总就把她招聘进来了，听说是在国外留过学的。"

看小李一脸羡慕的样子，方笑薇有点好笑，小姑娘涉世未深，看人家留过洋就以为个个都是精英。在国外留学的多了，哪那么多人有真才实学？有些人不过就是到国外晃了一圈，混了几年，念了个三流野鸡大学不知名专业，得了一张鬼才知道含金量有多少的文凭就回来冒充海龟了。真正的常青藤名校哪是那么好进的？不过，她没有取笑小李，只笑了笑就敲门走进陈克明的办公室了。

晚上，陈克明意外地早回了家。他一回到家就嚷饿了，换下衣服就到处找吃的。方笑薇刚把菠萝切了片放到盐水里泡着，陈克明就急不可耐地拿叉子开始叉着往嘴里送。方笑薇一边给他拿上次在"稻香村"买的点心，一边跟他聊天。陈克明吃了几块菠萝,感觉满意了,扔下叉子说:"走,薇薇,咱们上外面吃好的去。"

方笑薇停下手中的动作,奇怪地问:"为什么?你不是说外面的菜味精重油又大吃多了胃难受吗?"

陈克明催促她:"快去换衣服,我带你去个好地方,那儿的全素斋做得极好,偶尔吃一次还不错。忧忧出国了,小武还没来,咱俩也过过二人世界。快去,晚了就要等位了。"

方笑薇闻言,马上跑上楼去换衣服。开玩笑,难得老陈主动提出 High 一回,她怎么着也不能煞风景不是?两人一同出去纯粹吃饭不为应酬的时候,一年里总共也没有两三回,要是这时候她还拿腔作调的,不是自己跟自己过不去吗?

出去应酬吃饭一向是方笑薇开车,因为老陈有时免不了要在席上陪酒,酒后驾车害人害己,这点老陈还是很明白的。方笑薇一边开车一边随口问:"老金走了?"

陈克明头靠在椅背上,眼睛也懒得睁开:"老金走了。这老家伙不地道,他走那会儿公司不正好有事吗?看到别人抛出个好价钱,他屁颠屁颠地就走了,连个招呼都不打一声。害得我到处找人替他。老家伙,下次看到他还要骂他,太他妈不仗义了!"

方笑薇看他一副很累的样子就稍微放缓了车速,等车汇入车流中才问:"那后来你从哪儿找着人来替他的?"心里还加了句,找的人还那么厉害,跟个把家虎似的。

说到新找来的人力资源经理,陈克明睁开了眼睛:"哪找来的?招聘来的呗!瞎猫总能撞上死耗子吧?这新来的经理姓周,外表看着虽然还是个小姑娘,工作经验可不少,学历也高,简直跟你年轻时的干劲儿有得一拼,而且还处处为公司着想,给公司想出了不少好点子。"说到这年轻的周经理,陈克明有点赞不绝口。方笑薇鄙夷地看着他:"我年轻时就是她那副样子?整天张牙舞爪的生怕别人不知道自己是个领导?"

陈克明嘿嘿一笑:"我是说她的干劲跟你很像,没说她其他方面也跟你像。

小姑娘年轻气盛一点在所难免,你我不也曾年轻过张狂过吗?"

方笑薇不说话了,既然陈克明摆明了袒护自己手下的这员爱将,她还能再说什么?从退出公司经营起,方笑薇就给自己定了条规矩,退出就是全面退出。谁也不要把自己看得过分重要,这公司离了谁也照样运转。

陈克明侧过脸看着方笑薇专心致志开车的样子,随口说了句:"薇薇,你怎么老戴着这根簪子,我给你买的那些首饰你不喜欢吗?"

方笑薇偏了偏头说:"哦,习惯了就懒得换来换去了。"

陈克明掉转头也不说话了,习惯的力量真可怕。

　　方笑薇看看时间还早，就想买些水果回家。这家水果摊是方笑薇买水果必去的地方，不是因为他的水果好，也不是因为价钱便宜，仅仅是因为方笑薇的一点同情心驱使。

　　水果摊的老板老赵是个腿有点跛的中年男人，他老婆是个聋哑人，两人有两个女儿，为了传宗接代还在谋划着生第三胎。老赵拖家带口地来北京时，两眼一抹黑，谁也不认识，卖水果也是从无照经营开始，连辆三轮车都没有，被城管赶得到处乱窜，水果也被抄走多次。方笑薇第一次见到他时，他的水果摊刚被城管查抄，水果散落一地，惊惶未定的老婆正带领着两个幼小的女儿在风中追赶着满地乱滚的橘子，他则蹲在地上，把头埋在两腿间痛苦不堪。

　　方笑薇之所以动了恻隐之心，纯粹是见不得一个男人蹲在地上这么没有尊严地绝望。她后来打电话给一个朋友，请人家帮忙给他补办了营业执照，又给他在附近的菜市场租了个很小的摊位，他才算是结束了被人驱赶的日子，正式在北京立了足。

　　这件事对方笑薇来说不过是举手之劳，但对老赵来说却是天大的恩情，他们一家人都很感激方笑薇。老赵一根筋认死理又不善于表达，每次方笑薇去了，总是憨厚地笑笑,给她拿最好的水果,有什么事还都愿意跟方笑薇说说。有一次还跟方笑薇说要再接再厉生出个儿子来才罢休。方笑薇板着脸训斥了他大半天他也不恼,连连嘿嘿笑着说:"你不懂!你不懂!男人们的事你不懂!"

老赵的生活理想很简单,在北京有块巴掌大的房子(哪怕是租来的)能遮风挡雨,不用每天担惊受怕被驱赶,能挣到养家糊口的钱,女儿能上学认几个字,这就知足了。当然,如果还能生个大胖儿子就死而无憾了。什么逻辑!方笑薇被他气得简直哭笑不得。

就在方笑薇焦急地等冯绮玉的消息时,老陈家的偏房太子爷小武终于姗姗来到了北京。

陈克明为了表示对小武的重视,亲自开车去接他了,方笑薇在家里留守兼定餐——按照陈克明事先的安排,小武一到家稍微洗漱一下,然后全家就直接上饭店去吃饭。方笑薇没有异议,自告奋勇承担了定餐馆的任务——她实在不想兴师动众地和陈克明一起去接一个她根本不欢迎的人,显示出一派虚假的热情。陈克明不知她的心思,还很高兴于她的通情达理,自己开着车就走了。

方笑薇在家里心神不宁,不知道以何种态度和身份来对待小武。以前直接间接地从陈克明以及婆婆那里听了他太多的劣迹,知道他已经深陷网瘾无法自拔了才被送到北京来的。另外,婆婆送他来肯定还有一个微妙而强大的理由,希望他能得到陈克明的欢心,进而能在公司占一席之地。

这个理由婆婆没有说出口,但方笑薇就是凭着女人的直觉想到了这点,小人之心也罢,防人之心也罢,方笑薇就是要把这唯一的路堵死——这公司是她和陈克明夫妻二人白手起家,将来也只能留给他们唯一的女儿陈乐忧。其他的任何人别说染指,就连觊觎也不行——女人的母性一旦发作起来,连狮子老虎鳄鱼也敢徒手对抗,这不是没有先例的。

平心而论,小武只是一个十四岁的少年,比忧忧还要小两岁,如果不是从小就生活在一个不健全的环境里,他也许不会这么叛逆。父母不事生产游手好闲,整天以打牌赌钱为乐,根本没有尽到一天的管教责任。而外婆则一味溺爱放纵,要什么给什么,护短到了极点,对任何缺点错误一概视而不见。这样的生活环境,这样的一群家长,他想不叛逆都难。

方笑薇有时也能理解小武变成这样的原因,但理解是一回事,要全心接纳又是另一回事。一个和自己没有任何血缘关系的人,还是一个劣迹斑斑的少年,马上就要堂而皇之地进驻自己家,自己又该怎样与他相处呢?是视而不见还是虚与委蛇?是热情接待还是应付如常?方笑薇一时不知该怎么处理这团乱麻。

正在怔忡间,陈克明的车子已经驶入旁边的车库了,方笑薇站起来的同时已经有了一个主意。

门外的两个人拎着大包小包按响了门铃,方笑薇微笑着迎上前去,看见一个苍白少年,身形比几年前见到的长高了不少,面貌跟陈克明略有几分相似,只是尚显稚嫩,脸上没有一丝微笑,也没有初到一个陌生地方应有的拘谨和畏缩,只有一脸的满不在乎。眼睛似乎只是飞快地扫过方笑薇一眼就望到了别处。陈克明催促他:"这是你舅妈。"

小武不情愿地看回方笑薇,从嗓子里发出含混而低沉的一声,似乎是叫了她一声,又似乎只是"嗯"了一声。方笑薇点点头,伸手要接过他手中的行李——一个很小的背包,小武躲闪了一下,没有给她。方笑薇有点尴尬,伸出去的手落在半空中,陈克明见状,赶快打圆场说:"让他自己拿着吧,累不着他。也不知是装了些什么宝贝,一路上碰都不让别人碰一下。"

方笑薇收回手淡淡地道:"进来吧。"说着把大家往大厅里领。一边走一边观察小武,越看越惊心——看来这小武还不是一般的难对付啊,连起码的面子上的礼节都不顾,一副拒人于千里之外的样子。看来是深得陈老太太的真传——喜欢视人如无物。

晚饭就在十分冷清的气氛中度过——基本上都是陈克明在说话问问题,小武只间或说声"是"或"不是",根本连头都懒得抬一下,更不用说正视你的眼睛好好说话了。看着这有几分滑稽的场景,方笑薇突然有种无厘头的感觉——感觉自己好像在看那个央视著名女记者采访刘翔,所有的问题都用"你是不是"来开头,被采访人只需要像个木偶样回答"是是是是是"或"不是不是不是"就行。

在等待上菜的时间里,小武始终是随意地像根面条一样"挂"在椅子上,他依旧是满脸无所谓的表情,眼神空虚往前无限延长,没有焦距,腿则在椅子上不停地抖动,连带弄得桌子都在轻微地摇晃。

等服务员将菜依次端上来之后,小武似乎对每样菜都不感兴趣,又似乎对每样菜都感兴趣——他举着筷子在每个盛菜的碟子里东翻西找,挑挑拣拣,把自己不爱吃的撇到一边,爱吃的拣出来。他把吃剩下的骨头从嘴里拔出来,直接扔到铺着地毯的脚下,然后在雪白的餐桌布上使劲地蹭自己手上的油污,方圆一米之内,一片狼藉,生人勿近。

方笑薇食不知味地看着小武,勉强压抑自己的不良情绪。她一再地告诫自己要忍耐,他不是忧忧,他也不在她身边长大,他跟她还没有建立起任何感情,因此她也此刻也不能给他任何教导——也许这些善意的建议最终到了他的耳朵里,都会变成别有用心的代名词。

陈克明对这一切的混乱视而不见,还很有耐心地给他不停地捡菜。方笑薇发现,他眼里似乎还闪着温情脉脉的光,甚至有几分慈爱地看着小武大吃大喝的样子。难道是看到了这个有几分相似自己的少年,激起了他的父爱泛滥?难道真的像别人说的那样,男人都喜欢儿子更胜过女儿?可陈克明对忧忧的疼爱不是假装的,那是一种发自内心、深入骨髓的感觉,根本不可能伪装。那怎么解释他此刻的真情流露?方笑薇觉得自己心里这团乱麻更纠结了。

在陈克明还没有想好怎么安排小武之前,他先被留在了家里,美其名曰先熟悉环境。方笑薇只得暂时接手这个烫手的山芋,不得不与他处在同一屋檐下,低头不见抬头见。

"七剑"下天山

　　很快就是"原配夫人俱乐部"每周一次的例行活动时间了,方笑薇简直是盼星星盼月亮才盼来这一天,等小夏来了后,她匆匆吩咐了她要做的事以及叮嘱她给小武准备午饭,然后就急急忙忙地开着车走了。冯绮玉说好了她会在这天回俱乐部,她要赶快去与她商量对策。

　　等方笑薇赶到俱乐部的时候,专题讲座已经开始了。"原配夫人俱乐部"按月会有一些不同主题的活动,有关于商务活动礼仪、金融知识、交际英语口语、形体仪态等方面的培训,也有心理咨询、气质修养、穿着品位、养生保健等方面的讲座。这些培训或讲座都是俱乐部花了大价钱请高人来面授的,这也可以理解为什么这里的会员年费那么高。每个人按照自己的喜好自由地选择去听或接受培训,没有人会强迫你做任何事,也没有人非要当你的老师。听进去多少,领悟多少全凭个人能力,反正俱乐部已经给你提供了这样一个平台,而且这些费用都包括在年费里,不用再另行计算。

　　当然,任何人也都可以根据自己的需要向理事处申请,定制某项培训或专题讲座,这是要特别付费的,而且也不便宜。在提倡个性化的今天,定制也已经成为了一种时尚。

　　冯绮玉说曾经有个女人专门定制了一项培训，就是学习怎样在自己身上花钱。花钱当然每个人都喜欢，但不见得每个人都会——方笑薇见多了那种一夜暴富的阔太太，有了钱就肆意地挥霍浪费，把名牌都堆在身上结果更加暴露出自己的无知和浅薄。

　　这个女人倒还清醒，知道扬长避短不耻下问。要知道，学会怎样从纷繁复杂的大品牌中选择适合自己的那一种，学会根据自身特点构建自己的日常穿衣风格，学会从成千上万种化妆品里选择适合的色调来搭配自己的衣着，都可以说是一门大学问。因为你不可能天天上美容院去让人给你梳妆打扮，你也不可能指望那些半吊子的售货小姐来给你推荐东西。你日常的衣着妆容还是要靠自己来打理的。冯绮玉说这个女人足足学了半年才基本可以独立操作，到精于此道又花了两年的时间，当然她的资质也不是太好，就像田辛。

　　主题活动结束后才是原配夫人们发挥八卦特长的时间——大家各自有自己的交友圈子，自由地坐在一起，悠闲地喝茶品咖啡吃小点心，外加蜚短流长。方笑薇就趁这个时间找到了冯绮玉。

　　冯绮玉信任地看了她一眼："你看过了？"

　　方笑薇点点头。

　　"什么感觉？"冯绮玉又问。

　　"大奸似忠，贻害无穷。"方笑薇简单地说。

　　冯绮玉赞赏地点头："你看问题一向一针见血。谈谈你的想法吧。"

　　方笑薇看着她发呆："我以为你已经成竹在胸……"

　　冯绮玉苦笑："你太高估我了，我要是自己一个人就可以呼风唤雨，那我还冒天下之大不韪把你挖出来做什么？"

　　方笑薇的表情更加呆滞："你意思是只有我们两个人？"

　　冯绮玉实话实说："两个人倒不止，但我联络到的能作为可信任的中坚力量的人加上你我才七个。其他的人我不能确定他们有没有问题，而且也不能把所有去过论坛的人都按 IP 地址给找出来，那样不但耗费时间，而且还不见得都能发挥作用。"

"七个名不见经传的人去挑战一个根基扎实的魔门，这跟送死有什么分别？"方笑薇脱口而出，这令她想起金庸的武侠小说。

"还是有区别的吧？"冯绮玉乐观地说，"你看，至少我们七个都身负绝世武艺，而且还知道对手的死穴在哪里，敌在明，我在暗，或许打起来会容易一点？"看来她也曾经是个武侠迷。

七剑下天山，这是冯绮玉给这次行动取的代号。方笑薇目瞪口呆，感觉前途无"亮"。

知其不可为而为之。两个号称足智多谋的"理论派"代表站在当地面面相觑了一阵之后，开始进入务实阶段，商量一下具体的行动步骤以及制定日程表，再列出一二三四等应急预案出来，以防对手狗急跳墙。

方案制定了，日程表也列了，对手的反应也事先想到了一些。剩下的就是行动了，而且还得亲自参与，方笑薇这时候才知道平时她有多依赖陈克明，原来从来都是她提要求出主意，真正要实行了还是要靠陈克明去做的。现在不但要赶快拿主意，而且还要真刀实枪地去实行了，她才发现行动派原来不是自己的强项！

方笑薇无精打采地从俱乐部开车回家，原本寄希望于冯绮玉能搞定一切，现在发现原来自己居然还是主力中的主力，还要赤膊上阵，简直让人沮丧。她边想心事边开车，还只开到家附近就被震天响的游戏背景音乐声惊醒，心知不妙，赶快停了车，三步两步走上楼。只见陈乐忧的房间房门大开，屋子里烟雾缭绕，一地的垃圾，全是废纸、烟头、苹果核和香蕉皮，小武背对着她正在手舞足蹈地按键盘和点鼠标，嘴里发出"嘀嘀嘀嘀"的怪声。

方笑薇勉强压下心中的火气，敲了敲房门，小武没有动静，她又敲了敲门，大声地喊："小武！"

小武听到了也不回头，只嗖地扔过来一粒榛子，然后大喊："滚！我不是说过了吗？不要来烦我！"

方笑薇气得浑身发抖，走上前去关了他的音响，拔了他的网线。小武才抬起头来，正要发火，看清是方笑薇不是小夏，才收敛一点，恢复以往的冷漠，推开椅子站起身来，连对不起都没有说一句，就从方笑薇身边直接走过去了。方笑薇坐在一室的狼藉中气得连杀人的心都有。

小夏看到方笑薇气得不轻，缩手缩脚地走过来告诉她原委。原来等她一出门，小武在家百无聊赖，开始到每个房间转悠，虽然有小夏陪他，但小夏哪里管得了他的事，反被他几声大吼给轰走。转悠到最后，他看上了陈乐忧房间里的笔记本电脑，也不知他怎么摆弄的，反正三下两下就鼓捣得上了网，然后就开始在游戏的世界里横冲直撞、大开杀戒。

等方笑薇气冲冲地拉着陈克明看这现场时，陈克明还不以为然，只说让小夏好好打扫打扫就行。不过当着方笑薇，陈克明还是重重地说了小武一顿，后者耷拉着脑袋一言不发，也不知道听进去了多少。

后面的几天表面上看起来相安无事，但方笑薇知道，那不过是在家里无事，每天吃过早饭，小武就失踪了，要到晚饭时才回来，而晚饭是陈克明到家的时间，小武所做的一切不过是给陈克明一个假象而已，而陈克明还一直蒙在鼓里。方笑薇看着这欺骗与被欺骗在她眼前不停地上演，只觉得心力交瘁。

陈克明终于找着一天空闲时间，郑重其事地问小武："小武，你说说，你现在最想干什么？"

小武嘴角露出一丝嘲讽的笑："我说了，你们就会让我想干什么就干什么吗？"

陈克明点头，随后又赶快补充道："当然是除了上网打游戏以外。"

小武点头，露出一副果然不出我所料的表情，说："那我什么也不想干。"

陈克明气得青筋暴露，刚来时的脉脉温情此刻尽数化为乌有。方笑薇虽然事不关己，但看陈克明气得肝火上升，一副恨铁不成钢的样子，还是安抚地拍拍他的手背，让他慢慢来。陈克明挥挥手让他走开，小武无所谓地回自己房间去了。

又过了几天，小武依旧是过着早出晚归的生活，尽量避免见到方笑薇，见到了也是一如既往地冷漠，脸上没有任何表情。方笑薇在餐桌上努力想缓和一下气氛，几次要开口说话，看见他那冰封的脸顿时丧失了任何谈话的欲望。

陈克明想找个时间跟方笑薇商量一下怎么安置小武。他把人接来了，也安排住下了，但他对怎么规划小武的前途一点概念也没有。安排进公司是不可能的，别说方笑薇不同意，就是同意他也不能这么干。小武还只有十四岁，不读书他简直想不出他还可以干什么。可是要让他读书，很明显，他又会故态复萌，继续逃学去上网外加惹是生非。

　　陈克明知道方笑薇对教育孩子很有一套，为此他寄希望于方笑薇能插手这件事，可是要让她插手太难了。先不说这些年他的老妈和陈克芬是怎样对待她的，单说这孩子这态度这品性以及这几天的所作所为，要让人打心眼里爱他真的很难，陈克明为此头痛万分，什么是烫手的山芋，他现在知道了。

黎明前的黑暗

　　家里虽然陷入冰封状态,但方笑薇还有更重要的事要做。她继续冷眼旁观小武的一切所作所为,等陈克明也到了忍耐的边缘再说。

　　马苏棋打电话约她去血拼,方笑薇正好也想出去散散心就一口答应了。于是两个女人又开始痛并快乐着,双眼放光,双腿疾走,穿行在各大商场里。马苏棋拎着疯狂购物后的战利品边走边跟方笑薇抱怨:"薇薇,我到现在才明白,老天真是公平得很。你看,你花一千多块买的裙子穿了整整一个夏天,我现在花三百多买到同样的东西只能穿十天。"

　　方笑薇安慰她:"你还可以留着明年穿。"

　　马苏棋瞪她:"等到明年早就过时了,明眼人一眼就能看出来。唉,我永远都是踩着流行的尾巴。"

　　方笑薇听了直笑:"活该!谁让你抠门来着?好几个月前我就怂恿你买,你舍不得花钱,老说再等等,再等等,等它打折了再买。现在它打折了,而且你也买到了,求仁得仁,你还抱怨什么?"

　　马苏棋弯下腰摸摸自己走得快肿了的脚踝,然后才直起身来说:"薇薇,我要是有你那么多钱,我也随心所欲地花,想买什么就买什么,想什么时候买就什么时候买。"

方笑薇听了她这酸溜溜的话,马上接一句:"那搭上一个我那样的婆婆行不行?"

马苏棋白了她一眼:"那还是算了,跟个老巫婆在一起,我怕我会没命享受。你给我多少钱我也不干。"

方笑薇大笑:"所以,别以为人家过得就比你好,不如你的还大有人在。别身在福中不知福了。"

两人到附近找了个"麦当劳"坐下,环境还算干净,就是音乐太吵,闹哄哄的有种想让人吃完了赶快走人的感觉。方笑薇还在无可无不可之间,马苏棋先就不满意起来,拉着她要换地方。

两人七弯八拐又走了许多路才找到一家看似幽静的韩国菜馆,刚坐下打开菜谱一看,菜价贵得离谱,连个普通的炸蔬菜都要九十八元,是平常韩餐馆的两倍多。马苏棋"啪"地一下把菜谱拍到桌子上,开口就要骂人,方笑薇见势不妙赶快拉着她走了。一路走马苏棋一路还在嘟嘟嚷嚷地骂:"什么破餐馆,怪不得没人去,把人往死里宰。"

方笑薇叹口气:"马大小姐,你可不可以不要这么挑剔?你看现在都几点了?再不吃饭我都要饿死了。"最后无奈,两人只好随便找了家中餐馆点了几个炒菜,一人吃了一碗米饭草草了事。这家餐馆环境也不是很好,于是两人饭后转到另一家咖啡馆,一人要了一杯卡布基诺,坐在那里聊天。

方笑薇平时的衣服多,她逛街一般都是给女儿买东西,可是陈乐忧长大后就只喜欢一些中性休闲风的衣服,对方笑薇买的那些带精致缎带、蕾丝边、蝴蝶结的淑女装扮很不感冒。方笑薇买了也是白放着,浪费不少,不得不控制自己的购买欲。

马苏棋只有一个儿子,她可没那个兴趣去打扮一个秃小子,再说那个浑蛋小子也不领情,每回给他买了东西他不是嫌东嫌西就是扔到一边,搞得马苏棋很郁闷。但看看他自己挑的那些东西又很滑稽,裤子肥大得拖到地上,皮带松松垮垮地搭在腰上,T恤像个大口袋,马苏棋拼死反对这臭小子才没有把头发染成金黄,把左耳戴上个耳环。老天,这都是些什么装扮?难道这就是现在年轻一代眼中的时尚?满大街晃的都是这种日韩系嘻哈风的少年,马苏棋看着就眼晕。

两人交流了一下关于下一代的审美观的问题,发了一些关于年龄的无聊感叹之后,马苏棋突然话锋一转,问方笑薇想不想去试试最近美容界大热的"卵巢保养",可以治疗痛经,缓解更年期症状,治疗各种妇科疾病,等等。好像还是从港台那边传过来的,做一次也不贵,她的好多同事都去做了,感觉功效卓著。

方笑薇懒洋洋地问:"卵巢保养?怎么保养?"

马苏棋兴致勃勃地说:"就是先用精油点穴按摩,然后再用红外线照射。"

方笑薇还是没有什么兴趣:"拜托你有点常识好不好?你我好歹是上过大学的,卵巢的位置那么隐蔽,平常摸都摸不到,怎么保养?再说了,按摩能管用吗?红外线照照就能治病了,那还要医生干吗?你以为是治肩周炎啊?肯定是骗人的。"

马苏棋不服气,还在辩解:"你又没做过你怎么知道是骗人的?再说了,大家都做了,说明它还是有用的。"

方笑薇这时不得不打起精神来应付马苏棋:"你想想,咱们以前上过生理卫生课吧?书上说人的皮肤是由表皮层、真皮层那些乱七八糟的层数组成的,精油能渗透得过去吗?隔着厚厚的腹壁,你够得着卵巢吗?"

马苏棋闻言泄气了:"唉,本想拉你去尝个鲜,赶个潮流,这被你说得都没劲了。"

方笑薇说:"咱们以前年轻,不知道什么是美什么是恶俗,走的弯路多了去了,潮流也不总是好的。"

马苏棋立马想起很久以前流行穿健美裤,全国上下的女人不分老幼,人腿一条,走在路上像很多移动的两脚规。她和方笑薇也未能免俗,也买了很多条,当时穿出去自我感觉还良好着呢,现在想想真是暴汗。简直是把无知当无畏啊。

于是两人又感慨般检讨了一番自己年轻时的时尚恶趣味,然后就各自拎着大包小包回家了。

回到家的方笑薇如往常一样,又没看到小武的影子,知道他肯定又到哪个网吧里猫着去了，不由得叹了口气。

自从小武在陈乐忧的房间里打游戏制造了一地狼藉后，他就再也不在家里上网了。方笑薇也有点自责，觉得自己是不是太过分，对一个初来乍到的孩子这样严厉，弄得他都不愿意在家里待着。将心比心，如果她的忧忧也遭到这种冷遇，她肯定也受不了的。她左思右想，决定去专门给小武买一台电脑，这样也许这个孩子就不会整天神龙见首不见尾的。一个陌生的环境，一些陌生的人，就算大人也不一定就能一下子适应过来，何况是一个内心十分敏感的少年？方笑薇想缓和一下这种冰冻三尺的关系。

第二天一早，方笑薇开车到了中关村海龙大厦，挑了联想"锋行"系列中的一款，又顺便订了个电脑桌，然后留了联系电话和地址让他们下午送货上门。方笑薇不知自己这个举动到底是对是错，内心有点忐忑不安。

电脑送来的时候，陈克明正好也提早回家了，他倒没想那么多，还夸方笑薇想得周到，知道给孩子买台电脑。方笑薇无奈地说："我不知道给他买电脑是在帮他还是在害他，反正只要以后你不埋怨我就行。"

陈克明不解其意。方笑薇不想解释，免得越描越黑，还是让他自己去发现吧，省得自己枉做小人。

晚饭之前，小武又如期回来了，看都不看坐在沙发上的方笑薇一眼，径直往自己屋里走去。方笑薇在他背后叫住了他，说："小武！"小武站住了，并没有回头，似乎在等她说话，方笑薇不得不站起来，走到他面前说："我给你买了台电脑，以后不要去上外面的网吧了。"

小武闻言看了方笑薇一眼，发现她是认真的，才匆匆丢下一句"知道了"就走了。

方笑薇早知道是这种局面，但还是觉得满心的失望。

来自地狱的三头犬

　　"'七剑'下天山"计划怎么看怎么都有一股悲壮的意味在里面,因为它原本就是个前途未卜的计划。但总要有人来挑头做这个事,如果大家都独善其身,知道他是骗子也不去戳穿他,让更多的人上当,那这个世界会变成个什么样子?方笑薇心里想着,脑子里浮现出烈士们就义前的各种情景。

　　按照计划,方笑薇首先在一家知名的门户网站开设了自己的博客。为了加强分量,她打电话给网站的编辑,说自己就是"薇罗妮卡",有重大事件要爆料,希望网站能配合宣传一下自己的博客,网站的编辑一口就答应了,同意连续三天在主页上的窗口位置动态宣传她的博客。拜"带头大哥"所赐,"薇罗妮卡"现在也是网上的名人了,也有了和网站谈条件的特权,真不知该感谢他还是唾弃他。

　　方笑薇开博后的第一炮就是以《别被这别有用心的"带头大哥"所骗》为题发了一篇文章,矛头直指"带头大哥"。随后她在自己的博客里贴出原本属于自己的一百五十三篇股评,然后告诉大家,后面的二十七篇纯属"带头大哥"等别有用心的人伪造,"带头大哥"就是个彻头彻尾的骗子加敛财狂,"薇罗妮卡"和他以前没有,现在没有,将来也不会有任何关系。

文章写完贴完后，方笑薇又重看了一遍，只觉得酣畅淋漓，如饮醇酒，这才发现自己原来也是写文骂人的个中高手。

方笑薇发完帖子后就直接下线关机了，等待冯绮玉他们的跟进。"七剑"下天山，现在冒浣莲已经下山，凌未风等其他"六剑"也该各自有所行动了。一切的准备工作都已经就绪，方笑薇开始严阵以待。

两个小时以后，方笑薇再次上网去看，发现自己的文章出现在网站的首页，还被编辑冠以一个耸动的标题《一个骗子的前世今生》。

到了晚上，冯绮玉在MSN上告诉她，因为她现在还在出差，路上耽误了一些时间，最快也要明天早上才能发出署名"接吻猫"的帖子，并且已经联络到其他五人，但他们都分散在五个不同的城市，各有不同的职业，有的是公务员，有的是自由职业者，有的是摄影师，有的是中学教师，有的是公司职员。他们的工作时间不统一，因此反应可能会比她们俩要慢一些，大约要明天下午才能陆续开始发帖。而且这五个人还没有像"薇罗妮卡"一样取得众人的关注，知名度和影响力都不如"薇罗妮卡"和"接吻猫"，所以如果有任何的意外要方笑薇稍安毋躁，大家集体在MSN上联系共同商量对策。冯绮玉随后给了方笑薇五个人的电子邮件地址，要她加上这五个人，然后每天晚上八点大家共同在线，一起商讨。

方笑薇没把这事看得太严重，心想再慢也慢不到哪里去吧？难道他还能吃了我？

隔天，方笑薇就知道自己的想法错了。

"带头大哥"和他的忠实教众的反击来得比预料中更迅猛。等方笑薇第二天上网去看时，网上已经铺天盖地地贴满了他们发的各种帖子，有的很八卦，比如《"薇罗妮卡"叛逃始末》，有的很香艳，比如《"薇姐"貌美如花心如蛇蝎》，有的很无耻，比如《"薇罗妮卡"江郎才尽自我炒作》，有的还很恐怖，比如《"薇罗妮卡"请你小心些》诸如此类，不一而足。

方笑薇点开其中一个看了之后，就气得连早饭都不想吃了。粗俗的语言，恶毒的诅咒，以及肆无忌惮的人身攻击和狂热的崇拜充斥了整个版面。方笑薇闭上眼睛，那些字还好像不停地在她眼前蹦出来，她脑袋都大了。

这些或八卦或香艳或恐怖的帖子直接影响到了"薇罗妮卡"的声誉,因为她是第一个站出来的,也因此第一个承受了来自"带头大哥"的冲击。方笑薇又找了半天,发现"接吻猫"的帖子孤零零地立在一边,被淹没在这一堆大便里,毫不起眼。

方笑薇心里暗道,糟了,易兰珠的出击没有起到意想中的作用,反倒是冒浣莲成了众矢之的。凌未风、桂仲明等人这时候再出拳还来得及吗?

答案好像是来不及。

下午以后,其他"六剑"的重拳终于陆续出击了。可怜"薇罗妮卡"在这一段时间内已经如同隋末三十六路反王攻打长安一样,被各路黑拳打得"鼻青脸肿",放在火上烧烤煎熬了许久。"六剑"的帖子也没有预想中的有分量,毕竟人微言轻,而且网站还没有意识到他们的重要性。

方笑薇急得快要上火,现在还不到晚上,她找不到人商量,只好自行其是再发一帖,历数"带头大哥"的罪状,痛斥神龙教徒的疯狂行径。这一帖子反击迅速,言辞犀利,有理有据,而且条条踩到了"带头大哥"的痛处,短时间内点击超过一万,很快就在首页站稳了脚跟。于是网站自此开始重视这两大博客之间的对骂,将他们分为红蓝两个对立的阵营,将其他六剑的博文也收录进去。红军那边自然是以"带头大哥"为首,蓝军这边则以"薇罗妮卡"为尊。网站还专门编辑了专题滚动发出。

一时之间,各种口水帖子在网上乱飞,有说"带头大哥"欺世盗名、从中渔利的,也有说"薇罗妮卡"等人危言耸听、哗众取宠的。各种说辞莫衷一是。

"带头大哥"等人的疯狂反扑一波接一波,全都针对"薇罗妮卡"而来。方笑薇仿佛看到一头来自地狱的三头犬,晃动着巨大的脑袋,张着血盆大口向自己扑过来,差点乱了自己的阵脚。

事情演变到了第五天,"带头大哥"突然号召他的万千随从,发动人肉搜索引擎,掘地三尺也要把"薇罗妮卡"的真人找出来。不但要找出来,还要挫骨扬灰才能泄愤,因为她"诬蔑了英名神武的'带头大哥'","玷污了我们神圣的团队"。

方笑薇虽然喜欢上网,但只限于看些别人的八卦,现在轮到自己赤膊上阵,带领众人上演全武行了，她还没有足够的思想准备，只想且战且退。现在看到"带头大哥"要把她人肉搜索出来，她简直吓坏了。只要上过网，只要看过八卦，有谁不知道人肉搜索引擎的厉害？群众一疯狂起来，恨不得连死人都能给你从坟堆里扒出来。实在是太可怕了，方笑薇第一个念头就是赶快偃旗息鼓，拔掉网线，外出旅行个几个月避避风头。

晚上，"七剑"齐聚网上，大家七嘴八舌地商议该怎么走出目前的困境？如何给"薇罗妮卡"解压？其他"六剑"如何发挥更重要的作用？方笑薇一边躲在书房打字，一边暗自提心吊胆，不知会不会有人发现自己的行踪。陈克明这两天好像没什么事，回家还回得挺早，他一个人在客厅看电视好无聊，不知道方笑薇在书房干什么，一会儿就要叫方笑薇过来一趟陪他，方笑薇被他整得也差点崩溃。

按照方冯二人制定的日程表，这"网架"掐到现在，怎么着也应该有平面媒体和电视媒体的介入了，为什么他们还一点动静都没有，集体保持沉默？他们到底还在观望什么？

方笑薇在家里咬牙切齿地骂，平时这帮平面媒体的记者有事没事就蹲在网上，东抄一点西扒一点，靠着网友的爆料过日子，有点风吹草动就屁颠屁颠地去报道了，什么某某女明星夜店拿下亿万富豪，某某男星醉酒驾驶，某某文化名人又吸毒之类，说得有鼻子有眼的，如同亲眼所见，现在事关生死存亡真打起来了，用得着他们的时候了就全体当缩头乌龟了。这媒体也太势利眼了。摆明了就是这时候坐山观虎斗，等到双方打得头破血流胜负已分了，他们再来抢夺胜利果实，四处采访当事人兼痛打落水狗。真是现实得可以啊，也够冷血。

方笑薇正躲在书房骂得起劲，陈克明叫了她几遍，实在觉得无聊，就走过来断了她的电源，把她拉走了。

何以解忧，唯有乐忧

正当方笑薇如同油煎火烧，度日如年的时候，陈乐忧已经结束了欧洲十四国之行，和老师同学们一道满载而归。

为了给爸妈一个惊喜，陈乐忧甚至在最近一次的通话中，在方笑薇询问归期时故意含糊其辞，就是不告诉妈妈准确的到达机场的时间。下了飞机后，暑热扑面而来，陈乐忧立刻有种要汗流浃背的感觉，等到从传送带上拖下自己的行李时，她才有点后悔，觉得自己把问题想得太乐观。

陈乐忧和同学们一起拖着如山的行李往航站楼下面的大巴站走去，那里既有大巴，也有出租车，附近还有停车场。航站楼下面已经有不少低年级同学们的家长在等着了，看着他们惊喜的面孔和一个个扑入爸妈怀抱的动作，陈乐忧也有点失落，看来，没有叫妈妈来接自己确实是个错误，但错误既已铸成，后悔也来不及了。

她谢绝了老师要送她一段的建议，和所有人告别后，咬咬牙，继续推着行李车往大巴站走。正当她东张西望找指示牌的时候，车子正好经过一个缓坡往下冲，她立刻手忙脚乱地想拉住推车，谁知她的行李过于庞大，推车一时之间不受控制地往旁边猛歪，把陈乐忧也拽得往前滑。这时，一双手从后面伸过来，帮她稳住车子,然后推到旁边的平地上。

陈乐忧回头看看,奇怪地说:"江骥,你怎么还在这里?我还以为你们都走了呢。"

江骥平平淡淡地说:"你不也还在这里吗?"

陈乐忧见不得他这副样子:"我没让我妈来接我。"

江骥仍旧是一副波澜不惊的表情:"我知道,正好我妈也没空。"

陈乐忧放弃和他对答下去,知道他待会儿会冒出无数的"我知道"出来,就赶忙转移话题说:"一起走吧,就剩咱们俩了。老师和其他同学都走了——"看江骥一副要发言的样子,陈乐忧紧接着又补上一句,"拜托你不要再说'我知道'。"

看到江骥点头,陈乐忧才放下心来,一路走一路说:"你知道吗,我发现你在学校里总是说'我知道'这句话。"

江骥一边推车一边走说:"我知道。"

陈乐忧哭笑不得:"好了,算了,I服了you。"江骥也被她逗笑了,"不过这次是你诱导我说的。"

陈乐忧又像想起什么似的说:"老江,最近好像老能看见你耶。"

江骥反问一句:"有吗?我怎么没觉得啊?"

陈乐忧肯定地点点头,加重语气说:"有的,我练琴的时候你也在练,我逛街的时候你也正好外出。我去健身房的时候你已经在那里锻炼了,好像随时都能见到你呢。"

江骥不置可否地笑笑,随即转移了话题,说起了他们共同感兴趣的话题,八卦他们的老师"王物理"、"刘数学"、"陈政治"等人。江骥他们这干学生,表面上一本正经,好学上进的,其实私下里也没少出坏招,偶尔也在校园群殴事件中给好友助拳,美其名曰两肋插刀,甚至无聊时还背地里给教他们的老师都起了外号,配套评出了"变态"等级和"剽悍"指数等。陈乐忧素来开朗活泼,成绩出众,因此和很多人都是好友,江骥又和她同在校乐团,因此交情也不错。

两人说说笑笑地坐着大巴很快就到了终点。下了车,江骥费劲地将两人的行李都取出来,然后又给她招来一辆出租车,帮她把行李放好后才挥手让她先走。陈乐忧临走前还笑嘻嘻地说了一句:"老江,我欠你一情啊,以后再报答。"

江骥无可奈何地摇摇头让她赶快走,这么热的天,他上车下车地搬行李早就浑身湿透了,不赶快回家洗澡他自己都受不了了。

陈乐忧回到家的时候,方笑薇不在家,只有小夏正在打扫卫生。她拖着行李,大喊小夏姐姐快来帮她,小夏闻声赶来,她俩合力把行李抬上台阶,往客厅里拉。客厅南侧的客房门打开了,一个十四五岁的少年正笔直地站在门口,冷漠地看着她。

陈乐忧先是一愣,仔细看了看那有些面熟的面容,惊喜地说:"你是——小武?"

小武点点头,不说话,还在看着她,仿佛要透过她看到什么。

陈乐忧朝他招手:"我是你姐,快来帮我把行李抬上楼,我都要累死了。"

见小武站着不动,陈乐忧想起什么似的才恍然大悟地说:"哦,对了,你帮我抬上去,一会儿我给你好东西。快点,小武,听话。"

小武皱皱眉头,小声飞快地嘟囔了一句什么,陈乐忧好像听清楚了,他说的是:"我不是小孩子了。"但他还是动手帮陈乐忧把行李往楼上运。

陈乐忧要和他一块抬,他也不要,自己使着牛劲往上硬扛。陈乐忧看着他单薄的小身板直替他担忧,生怕他会一不小心闪了腰。小武闷声不响地一共替她运了三趟行李,小夏看得直咋舌,不知道小武还有这么勤快的时候。最后一趟放下大箱子的时候,小武又是一言不发掉头就准备走,陈乐忧叫住了他:"给,小武,这是我在欧洲买的最新的任天堂游戏,咱俩一人一个,偷偷地玩,别让我妈知道了啊,她会没收的。"

小武迟疑地接过陈乐忧手中的盒子,看了她一眼,点点头,然后自己下楼去了。陈乐忧看着他的背影发了一会儿呆,自言自语地说:"这孩子,怎么话这么少。"小夏听到了她的话,笑道:"忧忧,你自己也还是个孩子呢。"陈乐忧笑笑,晃了晃脑袋表示随他去,然后把大箱子打开,东翻西翻找出个小盒子递给小夏说:"给,这是给你的礼物。"

小夏迟疑地接过礼物说:"我也有吗?"

陈乐忧埋头在如山的行李中奋战，头也不回地说："是啊，我这是金曲奖，人手一份，永不落空。快拆开看看喜不喜欢？"

小夏撕开包装纸，打开小盒子，拿出那对精致的银耳环惊喜地说："太漂亮了！太漂亮了！你怎么知道我想要这个？忧忧，你真是太好了！"小夏激动得一把抱住陈乐忧。

陈乐忧索性坐在地上翻东西："是你跟我说过的啊，你们那里的姑娘成年了家里都会准备很多银饰做嫁妆，我想你也许会喜欢银耳环呢，所以就给你买了一副。不要谢我哦，要谢就谢我老妈，是她给我钱挥霍的。快去戴戴看漂不漂亮？"

小夏一阵风似的下楼去照镜子了。陈乐忧笑笑，继续整理她的超级大箱子，将带给大家的礼物收拾归类出来。

这可是她第一次去欧洲呢，想想真是败家啊，妈妈塞给她的五千美元都被她挥霍一空买了各式各样的东西了，行李箱都差点要撑爆了，另外买了个大袋子也不管用。陈乐忧沿途还有无限新鲜趣闻，早存了一肚子话了，就等晚饭时和爸妈说了。

小武拿着盒子回到自己的房间里，望着上面密密麻麻的英文发呆，拆开盒子后，里面是一个小巧玲珑的白色手柄，一个遥控和一个光驱舱，还有一个银色的底座样的东西。另外一个盒子里是一块板子。陈乐忧收拾完东西后下楼看到小武笨手笨脚地在折腾，好像不得要领。她于是敲了敲虚掩的门，径直进去，将任天堂 Wii 放入底座，把平衡板放在脚下，把手柄和遥控交给他，然后说："小武，你看，这是任天堂 Wii 的最新款，遥控器这里有特殊芯片，可以感应不同幅度的坐标变化，你只要挥舞遥控器，游戏里的人物也跟着挥动。这里 Wii sports 是我的必玩游戏，也是目前来说最好玩的 Wii 游戏之一，是一款体育题材的游戏。Wii 也兼容任天堂的 NGC 游戏机，你也可以用它来玩生化危机。"

小武在陈乐忧的指点下，踩上平衡板，开始左摇右晃地"打网球"。陈乐忧看他渐入佳境，拍拍他的肩膀说："玩这个游戏会消耗很多体力，时间久了胳膊腿都会酸，所以你自己注意啦。"说完，陈乐忧到客厅看电视去了。

　　小武自己在房间里挥汗如雨地体验任天堂最新的 Wii Fit 游戏,完全不知道陈乐忧买这个游戏是为了方便自己和老妈减肥。

　　方笑薇回家看到的就是这么一副场景,女儿坐在客厅里笑眯眯地看电视,小武在房间里满头大汗地"运动"。

尘埃落定

　　网上的"骂战"持续到第十天,方笑薇的身份岌岌可危。她一边要继续回帖打击"带头大哥",一边还要使劲回想自己平时上网时有没有泄露过自己的个人信息,别人会从哪里突破。不过,值得庆幸的是,她不是一个资深网民,注册电子邮箱时也没有用真名,更没有参加过网购等活动,平时也没有自恋到发自己的照片的地步,所以,人肉搜索的依据也只是一个 IP 地址,只能搜出个大概区域,如果没有照片电话地址等详细资料的比对,没有电信网通的内奸作祟,别人一时之间还不会那么快找到自己。可是谁能保证电信网通就没有员工是神龙教徒?方笑薇天天祈祷被人肉搜索出来的这一天来得晚些,再晚些,可她自己也知道,这只不过是迟早的事。

　　冯绮玉也很着急,要是再没有媒体和司法的注意,方笑薇的身份将会很快暴露。她开始到处托人找关系,挖来几个跑财经的记者,许以车马交通费,才终于有媒体开始报道这件事了,随后重量级杂志《天下财经》也开始重视起来,派了人跟进,暗地里调查这件事,冯绮玉告诉她这个消息之后,方笑薇终于松了一口气。

　　随着《天下财经》的逐步深入调查,有些人敏锐地嗅到了风暴欲来的气息,开始暗暗安排自己的退路,于是网上的舆论开始逐步朝着方笑薇这边倒,旁观者清,这时许多人开始焦急地打听各种情况。方笑薇觉得是时候退出了。她给冯绮玉发了短信,表示希望冯绮玉按照以前的商定,不要向任何人透露自己的信息,因为她不希望媒体打扰自己,希望能继续过自己平静的生活。冯绮玉只发来四个字"如你所愿"。

这就足够了。方笑薇心想,心里更进一步把冯绮玉引为知己。只有冯绮玉才真正了解方笑薇,知道她心中所想,不会强人所难。

依常理推断,"带头大哥"此时已经树未倒猢狲却已散,成了一个空架子,一戳就倒,立案审查更是指日可待,而领头揭露他真面目的"薇罗妮卡"正是大功臣一个,风光无限,绝大多数人都不会放过这扬名立万的机会,接受采访、上电视、拍杂志封面,哪一样都是在人前露脸的好事。但方笑薇不是,她更愿意做一个平凡无奇的女人,随心所欲地过自己想要的生活,平静生活就是她最大的梦想。

名气带来的不只是财富,同时还有私生活的过度曝光,看看那些明星就知道了。方笑薇不缺钱,为什么要让人来打扰自己的生活呢?

善后工作自有冯绮玉来做,方笑薇悄然引退了。当她后来在电视上看到"带头大哥"被警察带走的画面,看到采访受骗者时,他们后悔不迭和执迷不悟的两种截然不同的表情,甚至听到主持人说要重金寻找"薇罗妮卡"时,她就像在看与己无关的一个别人的故事。过程既已付出,结果就不需要再关心。她想自己已经尽到了一个知情者的责任,向公众揭露了一个骗子,至于公众们想见到自己的真人那就不是自己职责所在了。公众的好奇心是无穷的,见到了你的真人,就会渴望了解你的家庭,了解了你的家庭就会想偷窥你的私生活,得寸进尺,这就是人性。

唯一让方笑薇有点意外的是,刘志远居然也交钱加入了"带头大哥"的某个团队参加共同致富活动,而且还是他的死忠粉丝,铁了心地要维护他。"七剑"等人和"带头大哥"在网上开战的时候,刘志远也亲身参与了此次大战,还出了不少馊主意,不过由于过于离奇和不专业而没有被采用。

方笑薇回娘家的时候,刘志远还在和明崴夫妻说这事。刘志远为"带头大哥"愤愤不平,说"薇罗妮卡"等人是见不得别人发财,一粒老鼠屎打坏一锅汤,害人不浅,要是让他看见了真人,捅两刀才开心。

方笑薇听了这无知男人的言辞直冷笑,懒得与他一般见识,但心里还是像吃了苍蝇一样恶心。刘志远一向自诩聪明绝顶,对人对事都喜欢横加评论,其实他哪有什么大智慧,全都是小打小闹的小聪明,而且都没用到正点上,眼高手低。

再看看妹妹悦薇,无精打采地坐在沙发上,一脸不高兴。方笑薇不想去招惹她,看她那表情就知道,她心里不痛快,很想找人吵架。方笑薇看到奇奇在旁边的小凳子上乖乖地坐着看电视,就轻轻地叫:"奇奇,奇奇!"

奇奇回头看是大姨来了,高兴地站起来就跑,连带地把凳子都带翻了,方悦薇勃然大怒,在后头骂:"你这浑蛋孩子,见着亲娘也没见你跑这么快的!"

方笑薇假装没听见,抱起奇奇和他两人挤眉弄眼,偷偷地吐舌头做鬼脸。奇奇搂着方笑薇的脖子,在她耳边小声说:"大姨,你好久不来,我都想死你了。"

方笑薇听了高兴得不得了,也在他耳边小声说:"奇奇,大姨也想你呀。大姨给你买好吃的了,快去看看是什么,一会儿和津津哥哥一起吃。"

方悦薇看到奇奇和方笑薇亲热的样子,脸色一沉,也不说话就转过脸去看电视。方笑薇回头看了一圈,没找到津津就问:"津津呢?怎么不来见我?"

顾欣宜赶着叫大姐,然后说,"津津最近迷上了跆拳道,我们给他报了个班,一会儿五点下课我们再去接他。"

方笑薇点点头,顾欣宜两口子对培养孩子还是不遗余力的,不像悦薇,有了奇奇简直是天生天养,没见她操过什么心。虽说奇奇还小,不懂什么,但她遇到点不顺心的事就拿孩子出气,骂骂咧咧的,弄得奇奇见了她跟避猫鼠似的,哪有孩子见了妈妈是这副表情啊,刘志远为这事也没少跟她吵架。方笑薇心里疼奇奇,怕他受委屈,只好见着奇奇就给他买好吃的、买衣服、玩具,带着他玩,结果奇奇见了她比见了亲妈还亲,悦薇看在眼里又不乐意了,几次说笑薇是别有用心。

方笑薇哪里有什么用心？只不过见不得孩子受委屈罢了，为此悦薇冷言冷语的，她只当没听见，见着奇奇该怎样还怎样。大概是天生就有孩子缘，津津也很喜欢方笑薇，见着方笑薇总是"大姑"长"大姑"短的，跟她有说有笑。方笑薇放下奇奇让他上里屋翻吃的去了，然后跟顾欣宜到厨房帮忙。

如果不挑剔的话，顾欣宜其实也还算是个好媳妇，逢年过节地总给公婆买点礼物，上这吃饭也总意思意思地上厨房摘两根菜，剥两瓣蒜什么的，表面上也还过得去，但顾欣宜性格果断要强，明崴又是个没主意的，一来二去的，家里说话就是顾欣宜说了算，方母就看不惯这点，觉得顾欣宜太厉害，把明崴管得服服帖帖的，又恨明崴不争气，一点大主意也拿不出来，什么都听老婆的。因此，都是各自心有芥蒂，只不过面子情上过得去罢了。

方笑薇是知道自己这个弟弟的，平时是没什么主意，看似一个面团，其实真正犟起来谁也不是他的对手，正是俗话说的"蔫人主意大"，顾欣宜不过白担个厉害名声罢了。平时大家又不住在一起，方母只顾自家护短，哪里知道顾欣宜的难处？方笑薇一边择菜一边跟顾欣宜说私房话，问她知不知道"带头大哥"的事。

顾欣宜点头说："知道，都闹得沸反盈天的了，是个人都知道了。志远叫我们入伙的时候，我没让。志远说舍不得孩子套不着狼，我是不懂股市的事，但哪有什么狼还没见着就把孩子往外扔的？所以我就死活不让，再说八千块也不是一个小数目，我和明崴商量来商量去，最后还是没去参加什么阳光团队。这不，没加入就对了。要加入了，我们现在都不知道上拿哪回这钱去。"

方笑薇点头附和说是。明崴两口子一向谨慎，虽然比较信刘志远的话，但还没有到言听计从的地步，再加上顾欣宜掌管财政大权，她绝不可能拿出八千块钱，让明崴去加入什么快乐团队阳光团队的，这也是塞翁失马，焉知非福。方母一向看不惯明崴怕老婆，平时对顾欣宜不冷不热的，这次听说明崴没有损失什么钱，也直庆幸。不过手心手背都是肉，想到志远上了当，悦薇不高兴，两口子吵得惊天动地的，方母又烦恼起来。

方笑薇看到方母那副表情就知道她在想什么，开口说了句："妈，你替他们瞎着什么急，志远也从股市挣了不少，这钱就只当是少挣一点罢了，也没亏到哪去。"

　　一语惊醒梦中人,方母想想也对,上个月就老听志远说什么又挣了多少多少,她在心里偷偷地替他们加加减减算了算,好像损失了八千块也没亏到哪里去,就是把挣来的钱吐出来一点罢了。于是方母这才心里舒服了一点,想着回头好好劝劝悦薇,别总由着性子来,天天跟刘志远使气弄性的。

至若春和景明

　　与冯绮玉的友情如君子之交,女儿的归来让方笑薇真正开怀,而"带头大哥"的倾巢覆灭又让方笑薇如释重负。不可免俗地,方笑薇也懒散起来,过了几天悠闲的日子。

　　而最令她揪心的小武,在家里除了不爱理人、有诸多不良习惯和整天打游戏之外,并没有干出什么"伤天害理"的事来。陈乐忧好像很喜欢有个弟弟的感觉,隔三差五地就要去和小武交流一番,一派大姐罩小弟的风范。尽管大部分时间都是她在说,小武在听,但据方笑薇偷偷观察,发现小武虽然不说话,没什么表情,但他脸上并没有厌烦之色,仿佛也在听。方笑薇于是也放下了一小半的心,也许真是一物降一物啊。

　　虽然还在暑假,但因为要升高三的关系,陈乐忧的学校已经开始补课了。她每天都要去学校上半天课,下午才回来。不学习的时候,陈乐忧要么是在练琴,要么是在运动,她还用自己的零花钱给小武买了双直排旱冰鞋,要教他滑旱冰。

　　方笑薇看到陈乐忧的这个近乎鲁莽的举动,很为她担心。小武不是那么好打动的,要是三言两语一朝一夕就能改变一个人,那还要老师干吗?还要警察干吗?但她没去事先警告陈乐忧,她想让忧忧也吃点苦头。陈乐忧自小就生活在一个无忧无虑的环境里,虽然被调教得进退合宜,但几乎是被爸妈保护过度,没有经过什么挫折,也没受过什么磨难,这样她的身上也难免有一些娇气。现在她凭着一腔热血和少年人的冲动在做事,并没有经过深思熟虑,所以她注定要遭到挫折和失败。但这未必就是坏事,人世间,不如意事十常八九,哪能永远一帆风顺呢?方笑薇想让陈乐忧磨去一些不合时宜的娇气,让她心性变得成熟一些。

事情的发展果然不出方笑薇的预料。陈乐忧兴冲冲地把鞋拎去送给小武了,还当场就说要带他去滑旱冰。小武看着她拎来的鞋没有什么反应。陈乐忧说了几次,小武也不肯去,一副爱答不理的样子,最后陈乐忧火了,一把拉起他就走。小武触电一样站起来,猛地甩开陈乐忧的手,把陈乐忧推到一边,害得她撞到墙上。陈乐忧吃惊地看着他,不知道他为什么反应这么奇怪。

小武大吼一声,指着门外:"不要你来假好心! 你们都瞧不起我! 你走!"

陈乐忧当场就下不来台,女孩子脸皮本来就薄,这下被人拒绝得这么彻底,她想下台都没台阶下,她发了一会儿怔,看了小武一眼,说:"谁瞧不起你了? 你倒是说说看?"

小武余怒未消:"你,你妈,还有你爸。你们全家都瞧不起我,嫌我是个废物! 嫌我白住在你们家,招人讨厌! 你敢说你心里不是这样想的?"

陈乐忧也气得大喊:"那是你自己莫名其妙的自卑感在作怪!"

小武背对着她气冲冲地说:"对! 我就是自卑! 我就是讨厌你! 我不要你可怜我! 你什么都会,我样样都不如你,我什么都没有,连上学的钱都是你爸爸出的,我不要你来拯救我!"

陈乐忧不知说什么好,一言不发地走了。方笑薇在楼上听到了他们吵架,但她没去安慰忧忧,她心想,如果陈乐忧会知难而退,那也不是她方笑薇的女儿了。

晚上,陈克明回来的时候,方笑薇跟他说了白天发生的事。陈克明听了半天无语,末了才若有所思地说:"薇薇,没想到这孩子这么敏感自卑。"

方笑薇撇了撇嘴:"这好像是你们老陈家的通病吧? 以前咱俩没结婚时,有事没事吵个架斗个嘴什么的,你都能归结到城里人歧视农村人上面去。好像我们没别的爱好,就是以歧视你们为乐似的。"

陈克明嘿嘿傻笑:"那是少年气盛,少不更事。"

方笑薇一边给他按压肩膀,一边说:"小武这样子老待在家里也不是办法,你想没想过怎么安排他?这眼看着就要开学了。到底干什么,你也得有个说法呀?这么大个小伙子,整天在家里打游戏,像话吗?"

陈克明又无语了,过了半天才说:"薇薇,你有什么办法没有?"

方笑薇停下手,冷着脸说:"就知道最后会是这样!你把人领来了,你现在说没办法了?"

陈克明把她拉到自己腿上坐着,有一下没一下地抚着她的长发,没精打采地说:"小武不是坏孩子,他只是被惯坏了。你一向最有办法,能不能——"

方笑薇站起身来嘲讽道:"这个话题就此打住——你把他交给我,你放心吗?你妈能放心吗?陈克芬能放心吗?不怕我这个坏女人教坏她们的心肝宝贝呀?"

陈克明又把她拉回来,急忙安抚道:"薇薇,我知道你心里有气。我妈和克芬怎样对你,我心里有数,你不要跟他们一般见识。我妈不能跟我过一辈子,你忍了这么多年,我不会白让你伤心。不管怎样,你才是要跟我过一辈子的人,眼前的这点得失算得了什么?眼光要放长远。"

方笑薇哭了:"忍,忍,我要忍到什么时候才是个头?还不如明天就死了算了,让你妈称心如意,你也可以不受这夹板气,快快乐乐地再娶新的进来,脾气又好,脸也大屁股也大,能生会养。"说到最后,方笑薇自己也忍不住破涕为笑了。

陈克明就势做出一副酸倒的样子:"再接着说,再接着说!还有什么?脸大屁股大,这都什么乱七八糟的?从哪儿学来的?"

方笑薇起身去浴室洗脸,鼻音很重地说:"从哪儿学来的,你家老太太天天挂在嘴边上的!"

陈克明只得就此打住了。刚讨论一次就惹得方笑薇又哭又闹的,他还没那个胆子再继续,于是他又转念一想,拖一拖再说。也许方笑薇看不过去了,就会给他出个主意支个招什么的。以前也是这样,方笑薇嘴上说不愿意不愿意,最后还是会替他出谋划策。

一连三天,陈乐忧和小武都相安无事,谁也不理谁。方笑薇看在眼里,嘴上说不着急,心里也有点急了。她想是不是暗地里使点劲,促成这姐弟俩和好,但想了想,自己在小武心里哪有什么分量,别画虎不成反类犬,弄巧成拙了。

中午的时候,方母来电话,让方笑薇陪她去趟医院,最近这身体感觉很不舒服,想让医生给看看到底有没有毛病,到底是什么毛病。方笑薇不敢怠慢,赶紧开了车往娘家走。在去医院的路上,方笑薇还不停地问东问西,埋怨方母不早说,也许有些项目要空腹抽血化验什么的,现在这时候去不知道行不行。

方母坐在车里,也一副六神无主的样子。

方笑薇想起什么似的说:"妈,我给你买的那些保健品,你还在吃吗?"

方母半天才想起来说好像很久就不吃了,因为没什么毛病,她也就想不起来吃,白放在那里,也不知道长虫子了没有。

方笑薇一听就生气了,一边开车一边教训她:"妈,你怎么能这样,跟你说过多少次了,自己的身体要自己保重,靠别人没用。平时不好好保养自己,一旦有个三病两痛的,我们又替不了你,到时候还不是你自己受罪?而且你又不注意锻炼身体,那么胖对心脏又不好。"方母被教训得像个小孩子,一声不吭。

方笑薇心里着急嘴上还要唠叨,好在医院有熟人,找医生拍片子做检查比别人要快许多。最后一通折腾下来,医生说没什么大事,所有的头晕、头痛、全身僵直、手麻这些症状都是由颈椎病起的,回去只要吃点药,按时给颈椎做些牵引就会好一些,但根治是不可能的。

虚惊一场。方笑薇筋疲力尽地回到家里,进了客厅才发现,除了小夏在厨房忙活,家里没有半个人影子。她有点不安,正要扬声叫小夏出来问问,就听到门口传来一声巨响,她回头一看,小武和陈乐忧一前一后进来,不同的是小武是走进来的,陈乐忧是滑进来的。刚才的那声巨响就是小武把旱冰鞋扔在门口发出来的。

小武径直进了自己的房间,"砰"的一声关上门。方笑薇把脸转向陈乐忧,用眼睛示意问她怎么回事。陈乐忧满不在乎地说："那家伙的牛脾气发作了，我教他从最基础的暴走练习开始，他不听，偏要一上来就滑，摔了十几次就这样了。"说完，陈乐忧在客厅来了一个漂亮的大转身，又背着手倒着滑了两下，得意洋洋地补充道，"不听老师言，吃亏在眼前。"

　　方笑薇哭笑不得。至于小武怎么会鬼使神差地去跟陈乐忧学滑旱冰，方笑薇一点都不明白，而且也不想弄明白。不过，她倒是隐约明白了一件事，假以时日，滴水穿石，也许小武没有她想象中的那么不可救药。但问题是，她愿意做那个滴水的屋檐吗？

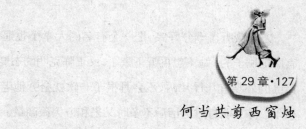

何当共剪西窗烛

　　陈乐忧快乐的暑假生活很快就结束了，她进入了"水深火热"的高三生活。大概是学校的整体气氛使然，方笑薇觉得小丫头自从进入高三以后，脸上就总是严肃的表情居多。吃饭也是匆匆忙忙，走路也是匆匆忙忙，就连洗澡也好像是在洗战斗澡，以前要磨磨蹭蹭洗一个钟头以上，现在十五分钟就解决了问题。

　　众所周知，高三学生是没有周末也没有假期的，所有的时间都要用来学习背书做题。老师本来动员大家都住校，便于集体管理，但陈乐忧离家近，方笑薇觉得没有必要非得住校，而且骑车上学也是锻炼身体的一种方式，于是陈乐忧就依旧住在家里。

　　对于小武的安排，陈克明依旧没什么好办法，方笑薇有一次无意中听到陈克明在给老太太打电话，背对着她的陈克明一反常态，很不耐烦地说："妈，你这样做累不累？你有完没完？你要是不放心，你叫克芬两口子来把小武接走！"

　　方笑薇明知偷听不道德，但两只脚就是不听她使唤，她不知道电话那头的陈母是怎么跟陈克明说的，但想必是在催他尽快安排。陈克明"嗯嗯啊啊"几声，最后说："不要跟我提什么进公司不进公司！他初中才毕业进了公司能干什么？擦桌子？扫地？送文件？"

方笑薇听得十分好笑,把一个有名的大孝子也逼急了,这老太太想必也是有两把刷子的。她不想再听下去了,反正陈克明的态度已经十分清楚了,他知道自己的外甥有几斤几两,不会耳根子一软就全听他老妈的,陈老太太是枉费心机了。陈克明打过电话后不多时又来和方笑薇商量。

方笑薇明知故问:"什么怎么办?"

陈克明瞪她:"都逼我是不是? 都拿我一个人开练是不是? 我妈打电话你不都听见了?"

方笑薇笑得狡猾:"听见了又怎么样?我又不是故意的!再说了,你们老陈家的事哪一次听过我的意见了?你们眼里什么时候有过我?你自己捡来的烂摊子,你自己收拾去吧。别来烦我! 是谁说的:我眼里除了忧忧和我娘家人没别人?"

陈克明看她笑容灿烂,听到的这话却又句句刺耳,不由得恼怒:"你就这么得理不饶人? 一时的气话你也记在心上,时时就要拿出来翻腾翻腾?"

方笑薇看他也动了气,只好收敛起笑,正色道:"小武的事急不得,你先放他几个月,随便他干什么,然后再问他话。"

陈克明疑惑地看她:"这样行吗?"

方笑薇说:"当然不是撒手不管,你先放着他,然后再暗中观察他,对症下药。"

陈克明说:"我怎么知道他是什么症,该下什么药?"

"所以才急不得啊。你跟他又没有什么感情基础,你凭什么去说他? 先放一阵子再说吧。"方笑薇不急不慢地说。

陈克明点点头,突然又想起一事,对方笑薇说:"薇薇,你发现了没有,最近忧忧下晚自习老有一个男孩子跟她一起回家。"

方笑薇听了直笑:"这你倒发现得快,别没事找事了,忧忧的性格你还不知道?"

陈克明仍不死心:"忧忧的性格我知道,问题是那臭小子的人品我不知道,万一骗了咱们家的小公主怎么办?"

方笑薇不满地瞪了他一眼:"你别一副吃干醋的样子好不好? 本来没事,到时候你非要再整出点事来才算完。都高三了，忧忧知道哪头轻哪头重，不会闹出乱子来。再说，就算有人喜欢她也很正常啊，这么活泼开朗又漂亮的女孩子，学习又好，放到学校里就是天生的风头人物，别人不喜欢她才是不正常。"

说起来，方笑薇不免有点自恋。

陈克明只好偃旗息鼓："好，好，我说不过你，反正你们母女俩是一伙的。"方笑薇把牛奶杯塞到他手里："说是这么说，咱们也不可太大意。我会找个机会敲打敲打她的。你放心好了。"

陈克明这才算放下心来，还没端起杯子就开始皱眉："怎么又是喝牛奶？我不喝，我'晕奶'。"话还没说完就被方笑薇送过来的牛奶堵住了嘴。

方笑薇要找的机会终于来了，她站在小花园里，看见陈乐忧骑着车和一个同学说说笑笑，到了家门口，陈乐忧和那个男生挥手再见，然后那个男孩子就掉头往回骑了。方笑薇仔细观察了一下，那个男孩子身材高大，看起来很沉稳，不像陈乐忧那么飞扬洒脱，从行动上看应该是个家教良好的孩子。

陈乐忧也看见她了，大老远地跟她打招呼，一路骑过来。

方笑薇说："怎么不请人家来家坐坐？"

陈乐忧语气娇嗔："妈，你想问什么就直说，别拐弯抹角的。"

方笑薇故作不知："哦？我想问什么？你说说看。"

陈乐忧跳下车，"一般家长看见自己的女儿跟个男生在一起走，肯定会想：'早恋！'然后就开始问东问西，或者把孩子臭骂一顿，再然后就找人家男生的家长，警告人家不要把自己孩子带坏了，最后再让老师把他们俩分开呗。没事找事，最后闹得满城风雨的，多丢人啊。"

方笑薇"扑哧"一声笑了："死丫头！你怎么知道我会怎么做？"

"你看你看，被我说穿了就骂我死丫头！平时是谁一口一个宝贝女儿的？我这是用常理推断的呗！现在哪个老师家长不是把男女生的正常交往视如洪水猛兽？刚刚我看你，脸上明明写着'我很想知道'几个字，却还非要假装什么都不知道，故意东拉西扯。以为我不知道？放心，他只是我一个比较谈得来的朋友，不是你们以为的那种关系。"陈乐忧说。

方笑薇被她说得无言以对，只好说："简直是大逆不道！在妈妈这说说也就算了，别在你们苏老师那里也这么说啊。特别是别在你爸跟前这么说，他可受不了你这些歪理。"

陈乐忧飞快地抱了方笑薇一下又跑开了，身后扔下一句："知道了，我又不是缺心眼。谁敢上苏老师那里说去啊。"末了，方笑薇还听到她小声的埋怨："老爸也是，大惊小怪，肯定是他告的密。"方笑薇也笑了。这小丫头还真不是个省油的灯，点一通百，这么快就联想到她爸爸那里去了。

听忧忧这么一说，方笑薇觉得似乎也有点杞人忧天，但她还是不放心，决定找着合适的机会还是要跟忧忧深谈一下，预防胜于治疗。现在，养个女儿容易吗？有一点行差踏错就是后悔一辈子的事。方笑薇心想。

还没等她回过神来，就看见陈乐忧拎着旱冰鞋从楼上又冲下来，进了小武的房间。方笑薇还心惊胆战地等着房间里爆发出的大吵呢，没想到静悄悄地什么事都没有发生，过了一会儿，也不知道陈乐忧怎么说动他的，小武跟在她后面，拎着旱冰鞋也出门了。方笑薇看得目瞪口呆。

一个陌生女人的来信

　　噩运就好像一个躲在暗处的阴险鬼怪，在你满心欢喜忘乎所以的时候，它总要突如其来地跳出来吓你一下。或者阴险地伸出一只脚来绊你一下，让你在猝不及防的时候受了惊吓不算，还要让你摔几个跟头跌痛手脚。

　　方笑薇现在就有这种感觉，一种落入漩涡的无力感。她握着陈克明的手机发呆，一条醒目的信息列在上面："我想你想得心都痛了，你走了以后我好难受。我不管，今晚你不来我就不睡觉。"方笑薇机械地打开以往信息，里面干干净净的，只有这一条闪烁着冰冷的光芒，如同一条毒蛇一样啮咬着方笑薇的心。

　　她定定神，努力想把这强烈的心慌给拂去，告诫自己要冷静，现在的垃圾短信这么多，说不定就是哪些色情从业者群发的，也说不定就是哪个粗心大意的人一时错按了一个号码，发到了陈克明的手机上。她决定还是不理会，继续之前的行动，开车去公司把陈克明落在家里的手机给他送过去。

　　方笑薇上楼拿了包和钥匙，准备下楼去车库开车。在关上大门的一刹那，她不知为什么有一种紧张的感觉。她打开了车库的大门，正要往里走，包里的手机又响了，是短促悦耳的铃声，跟她的手机铃声完全不一样，是陈克明的手机，这短促的铃声是在提示有短信息来到。

　　方笑薇靠在车库的大门上，心跳得很厉害，她从包里拿出陈克明的手机，一条短信息跃入眼帘："明，我错了，我再也不跟你发脾气了。你说过马上会来陪我的，为什么还不来，难道是她又在作怪？"这一条刚看完，紧接着又来一条，方笑薇拼命告诫自己"这是个阴谋！不要看！不要看！看了你就会后悔。"可是她下意识地还是按开了这条短信："马上把你自己快递过来，否则后果自负。"

　　方笑薇浑身冰冷，三条短信都是同一个号码发的，九月的下午天气依旧还很热，方笑薇却感觉很冷，她站到阳光下面，眯着眼睛看着炫目的太阳，直到太阳把她晒得头昏眼花。

　　想自欺欺人都不可能了，陈克明心里的那朵花已经悄然开出了墙外，不再属于她方笑薇一个人了。

　　方笑薇神情恍惚地开着车把手机给陈克明送过去。她删掉了那三条短信息，既然陈克明还在隐瞒她，那就说明他还愿意保有这段婚姻，方笑薇又何必一定要戳穿他，弄得鱼死网破呢？

　　陈克明接过手机的时候没有丝毫的异样，他看到方笑薇脸色苍白，郁郁寡欢的样子，还随口问了一句是不是身体不舒服，要不要找医生看看。方笑薇匆匆忙忙地拒绝了，她几乎是在陈克明关爱的目光中逃离了公司。她禁不住反复地想，陈克明是不是在骗我？他是不是在做戏？

　　晚上，陈克明没有回来吃晚饭，他打电话回来说老王公司里有酒会，他要作为嘉宾出席，晚上如果要搞到很晚就不回来了。方笑薇没有去打电话给老王验证一下，她知道他们这些男人们都是蛇鼠一窝沆瀣一气的，打了电话也没用，从他们嘴里掏不出几句实话来，个个都是互相帮忙打掩护骗老婆的好手。何况，已经有白天的短信做底，还有必要去验证吗？打了电话也不过是再受一次伤害而已。

　　方笑薇躺在床上，她曾幻想了千百次遇到这种情况该怎么办，甚至设想了一二三种种办法，但在真实的生活中，她发现她的那些预想都不堪一击。得知陈克明有外遇嫌疑已经让她如雷轰顶了，她还再怎么去想其他的？

　　第二天一早，顶着两个黑眼圈的方笑薇起了床，给大家准备好早餐，然后坐下来食不甘味地开始吃，直到忧忧的一声惊呼才打断了她的这种离魂状态。

陈乐忧担忧地望着她："妈妈，你没事吧？"

她看看陈乐忧，不解："怎么了？我没事。"小武也在看着她，她低头看向自己的餐盘，一片面包被她在无意识状态中切得支离破碎，碎掉的面包渣四散在盘中，有些甚至落到了餐桌上，她不好意思地匆匆离席，"我刚才在想一件别的事，所以有点走神，你们继续吃吧。"

过了一会儿，方笑薇从厨房拿来抹布，已经恢复了常态。她看着陈乐忧担忧的样子说："我没事，就是刚才有点走神。快吃，你还要上学。"说完，她转头看向小武，"小武，你今天有事吗？能帮我一个忙吗？"

小武看了她一眼，也不问她要帮什么忙，只点了一下头。陈乐忧看不出什么异样，才用餐巾擦擦嘴说："我吃完了。妈妈，bye! 小武，bye!"小武抬头看她一眼，又继续埋头喝他的粥，他的习惯和陈克明一样，都是馒头白粥咸菜，牛奶面包奶酪他也吃不惯。

陈乐忧骑着自行车走了，过了一会儿，方笑薇好像看到远远地有个人影一闪，然后就变成并排的两辆单车走了。看来，真的有人在等她一起上学放学，她心里更乱了。

小武在她发呆期间，已经干掉了他的粥和馒头小菜，他也拿起餐巾胡乱一擦，然后扔到桌子上，看着方笑薇阴晴不定的脸色，他才说了一句："走吧。"

方笑薇很快收回视线，然后才回过神来说："哦，是的。小武，我待会要上超市买些东西，可能会很多，停车场离超市还有段距离，我一个人拿不动，你能和我一起去吗？小夏今天有事来不了了。"

小武没说行也没说不行，似乎点了一下头。方笑薇就权当他默认了，她上楼去拿东西，然后叮嘱小武说："小武，你先在这等我一下，我拿了包就下来。"

这是两个月以来，方笑薇第一次和小武单独在一起超过两小时，以前尽管在同一屋檐下，但家里总是有别人，而且也总是各干各的，互不相扰。到了吃饭的时候，方笑薇只要叫一声："小武，吃饭了。"小武就会从他的房间里走出来，低头吃饭。只有到了下午，小武脸上才会有一点属于人间的烟火气，方笑薇知道，那是陈乐忧快放学了,他在等她。

方笑薇和小武从超市出来,手里拎着大包小包。方笑薇费劲地把清单和账单拿出来,一边走,一边对,看有没有少买什么,对了半天,手里的包都快掉地上了。小武看她这个费劲的样子,不耐烦地说:"我来!"方笑薇停下来,诧异地看着他,刚要张嘴说什么又没说,下意识地把手里的单子都一股脑交给小武。

小武接过单子,似乎只是匆匆地扫了那么两遍,就说:"少买了两样,一个是马桶除臭剂,一个是保鲜袋。还有,这账单总价算错了,他们多收了你十二块三毛。"

方笑薇吃惊地说:"不可能,电脑算的难道也有错的? 你会不会算错了? "

小武撇撇嘴,满脸不耐烦:"电脑算的就不出错了? 你去找个计算器。算了,反正你有的是钱,也不在乎这十几块。走吧。"

听他这么一说,方笑薇倒不急着走了,她把东西放到地上,然后对小武说:"你在这儿等着,我马上就回来。"

过了一会儿,方笑薇拿着单子匆匆地回来了。她用惊奇的眼光重新看了小武一眼,小武被她看得莫名其妙,想要问什么又懒得开口,低头拿着东西就往停车场走。方笑薇跟在他后面,心里渐渐有了一个模糊的主意,但又举棋不定。

他山之石，可以攻玉

方笑薇觉得自己简直就是张爱玲在《太太万岁》的题记中描写的中年主妇的翻版，她安于寂寞，"没有可交谈的人，也不见得有什么好朋友，顾忌太多了，对人难得有一句真心话。"虽然时代不同了，"雨衣肩胛"的春大衣和玻璃皮包早已不流行了，但穿着做工精致的衣裙，手挽名贵的皮包，她做的事却是一样的，也是"粉白脂红地笑着，替丈夫吹嘘，替娘家撑场面……"

看到这的时候，方笑薇简直是冷汗淋漓。她的生活就这样被一个六十多年前的人一语破的了吗？回头想想她自己的生活情形，难道不是"有一种不幸的趋势，使人变成狭窄、小气、庸俗"？她在几个家庭里不是"周旋着，处处委屈自己，顾全大局"？

这就是她十八年来所过的人生，如果不出意外的话，还将继续过下去。可是女人在现在这个社会上生存有多么不易，连主妇这个平庸的职位都时刻有人明抢，有人暗夺。你想做个主妇，安于平凡，守着一个良人白头到老，别人却偏偏连这点爱好都不让你成功。

从接到三条短信的那一天起，方笑薇就知道，自己心里一直都在害怕的这一天终究还是来了。无论多么相爱的夫妻，在现在这样一个到处充满诱惑的社会环境中,要洁身自好真的太难了。陈克明既不是圣人也不是柳下惠,他面对诱惑,能做到坐怀不乱吗?

方笑薇不知是在什么地方看到过,说男人玩婚外情需要"四力"——权力、财力、体力和智力。玩婚外情的男女不但要有随意支配的时间,还要心智健全,手头宽裕,分身有术,心理素质够硬,这样才能在同时面对老婆和情人的时候面不改色心不跳。毫无疑问,陈克明具备以上作案的所有条件,方笑薇悲哀地想。

在短暂的惶恐与愤怒后,方笑薇冷静了下来,她在反复考虑,她该怎么办。这时候去暴打他人,或者约第三者出来见面,明智吗?

但什么也不做假装天下太平就是对的吗?自欺欺人她也做不到。她怀着一种复杂的心情去了离家最近的工行,忐忑地把她记下的这个号码报给营业员,告诉人家要交手机费,要营业员先对一下名字,看是不是她要交费的名字。当营业员报出"丁兰希"三个字时,她愣住了,半天没说话,直到营业员不耐烦地催促她,她才惊醒,随即说不是这个名字,可能搞错了,她要回家查一查再来。说完,方笑薇几乎是在营业员怀疑的目光中落荒而逃。

丁兰希,一个如花般美丽的名字。方笑薇想得心都痛了。这个名字她并不陌生。很久以前,早在她和陈克明结婚前,她就知道陈克明有个被陈母乱棒打散的前女友,名字就是丁兰希。方笑薇从来没有见过丁兰希,早在她和陈克明认识前,丁兰希就远嫁到了上海,音讯全无,这些都是她陆陆续续从陈克明身边的朋友们那里听到的,陈克明一点也不忌讳,方笑薇问他的时候他就全告诉了她。可是,十几年都过去了,她还回来干什么?收复失地吗?

不知道是真是假,陈克明回家说要出差两天,去天津跟人家谈笔生意。往常的方笑薇是没有任何怀疑的,这一次,她禁不住猜想,他真的是出差吗?她依旧没有二话,依旧像个称职的贤妻,默默地给他收拾好行李,默默地送他出门。然后,自己再像个受伤的小兽一样,在一个没有人看得见的地方默默地舐自己的伤口。

陈克明走后的第二天,家里十分冷清。方笑薇想起又是俱乐部的聚会时间了,出去散散心也好,就给小夏交代几句,开车来到俱乐部会所。前一阵子因为网上的混战,方笑薇缺席了好多次活动,田辛有两次来叫她,她也总是说没有时间,田辛以为她在推托就没再叫她。其实她那时是真的没有时间,所有时间都用来上网搜集资料外加发帖,用 MSN 聊天商量对策了。

方笑薇去的时候路上堵车,到会所时已经很晚了,主题活动结束了,大家已经四散开始 Tea Time 了。冯绮玉又不知到世界的哪个角落去了,田辛也没来,其他几个人都是半生不熟的点头之交,她没有与之深谈的欲望。

方笑薇端杯红茶,随便挑了个角落坐下来,静静地想一些自己的心事。不一会儿,她的注意力就被旁边的八卦给吸引了去了。

正在说八卦的是一个不到五十的胖太太,方笑薇认得她老公是搞房地产开发起家的梁总,平时也算陈克明狐朋狗友圈里的人。不过,方笑薇跟梁太太没有深交过,只是略熟一点罢了。梁太太看到方笑薇也转过脸来,就冲她友好地点点头,却没有停下自己的八卦新闻:"……啧啧,于太太也真是好本事,她把那对贱人捉奸在床,也不哭也不闹,帮她老公把内衣外套全部穿好,还打好领带、掸掸灰,最后还面带微笑地看着他:'真奇怪,你既不高也不帅,年纪也不轻了,怎么就老是有小姑娘看上你,争先恐后地往你床上爬呢?'她老公听到这话脸色都变了,哈哈哈哈……"

旁边的人正听得兴起,催促她:"快说,快说!接下来怎么样了?她把那小狐狸精怎么样了?"

梁太太兴味盎然地看了大家一眼:"要不我说于太太好本事呢,咱们哪比得上她一个手指头啊。你们说说,要是你们大家遇到这种事了,怎么办?"

那些听绯闻的太太们纷纷啐她,嫌她是乌鸦嘴。梁太太也不恼,看了看大家:"咱们平常人遇到这事,谁不是红了眼睛就往上冲,破口大骂外加拳打脚踢的?最后吃亏的是谁?还是咱们自己!那些死没良心的这时候看见你了,比仇人还眼红,你跟狐狸精打架,他不会去帮你,只恨不得你就此消失才好,你要是提离婚,好,正中他下怀,巴不得你提呢,马上就离。你上哪里讲理去?"

众人纷纷点头,若有所思。这一席话暗含了方笑薇的心事,一时之间不由得也听住了。

梁太太卖足了关子才慢条斯理地说："于太太从头到尾就没正眼看过那狐狸精一下。她帮她老公整理完了衣服，还从包里拿出一瓶'红牛'来，啪的一声打开盖说：'累了吧，老公？来，累了喝点红牛，喝完红牛精力充沛，咱们有的是钱，这些小玩意，趁年轻多玩几个，不想玩了就扔到一边去。'老于被她的话都弄傻了，根本不知道她到底啥意思，也不知道她要干啥，喝了几口'红牛'居然乖乖地跟着于太太回家了。她这一手高明啊，咱们谁学得来？那狐狸精被她给气得哟，差点没犯了心脏病。"

旁边有个方笑薇不认识的太太插嘴道："这帮男人啊，就是没良心，也不看看当年是谁帮他们打天下，谁跟他们饥一顿饱一顿下死力干活，谁帮他们生儿育女、养老持家，现在兜里有了几个闲钱了，日子好过了，就心里痒痒要找女人玩刺激。现在还真奇怪了，自甘堕落的女人还挺多，不用你招呼，自己送上门来。"

梁太太喝了口茶又接着道："你说老于，一把年纪还学人家玩婚外恋，一个秃头肥肚矮胖子，人家小姑娘恋他什么呀？还不是看中了他的钱包和他手里那点权。他那点权怎么来的？他岳父给的。虽说他岳父现在离了休，但虎老了威还在，随便拿捏一下他就吃不了兜着走。你说，他不是鬼迷心窍了是什么？"

听到这里，方笑薇骇然失色，难道她们口里的于太太是田辛吗？

梁太太说完八卦，看到方笑薇："小方，说起来，于太太也是你的朋友呢！你入会还是她介绍的。"

方笑薇心头一颤，声音涩涩地问："她今天怎么没来？"

梁太太还没说话，身边的另一位太太就开口了："一个女人遇到这种事，再怎么豁达也会有想不开的时候。于太太那么要强，这么丢脸的事她怎么受得了？怎么也得避避风头过些日子再说了，这一两个月她怕是不会来口。"

方笑薇黯然地点头，梁太太惋惜地说："她这也是好面子，咱们在座的谁没经过这事？谁还会笑话谁？哪个男人不是有了几个臭钱就手痒？社会对男人就是这么宽容，所以咱们才要好好爱惜自己，吃好喝好玩好，一点也别亏待了自己。感情的事看淡一点，别那么较死劲，你钻了牛角尖出不来，吃亏的还是自己。"

张太太听得频频点头，末了补充一句："其实啊，要不要离婚，不能以有没有出轨来衡量。如果老公还有良心，出轨以后还知道对老婆孩子好，买房子买车还照旧写老婆的名字，孩子的成长他还照旧操心，那就实在没有必要离婚啊。成龙有外遇，林凤娇不也照样忍了吗？如果男人有外遇以后，怎么看老婆怎么不顺眼，挑肥拣瘦，骂骂咧咧，成心找碴的，给老婆花点钱心疼得要命，给二奶花钱眼睛都不眨一下的，这样的男人就是人渣，大家有多远躲多远，越早离开越解脱。"

众太太纷纷点头称是，大家又聊了些别的话题才各自散去。

方笑薇旧愁未去，又添新忧。无论如何，要她像田辛一样亲自去找丈夫捉奸，然后还若无其事地帮丈夫穿衣服，还要把狐狸精气得半死，打死她也做不到，恐怕狐狸精没有被气死，她先气死了。

　　方笑薇回到家里,把那三条短信翻来覆去在心里琢磨了几百遍,也没有理出个头绪来。她从来没有见过丁兰希,根本不知道她是个什么样的人,也就无从推测起她的性格来。

　　陈乐忧回家后,方笑薇只得若无其事地跟女儿说话。饭桌上,三个人倒有两个人大部分时间是沉默寡言的,只有陈乐忧一个人在唧唧呱呱地说她的老师同学队友的各种糗事。

　　说了一阵,陈乐忧忽然想起什么事来问小武:"小武,刚才我进你房间的时候,里面好大的烟味,你是不是偷偷地抽烟了?"

　　方笑薇要阻止她在这么大庭广众下问已经来不及了,陈乐忧已经漫不经心地问出了口。她有点担心小武会反应剧烈,然后两个人的关系又会像从前那样磕磕绊绊,让人提心吊胆。

　　小武继续吃他的饭:"关你什么事?你不也天天和一个男生一起上学?"

　　原来他也注意到了,方笑薇哑然失笑。

　　陈乐忧伸手拍了他一下:"那不一样!我那是正常的同学交往,你这是不良行为,还有害身体。你看我爸,他就很少抽烟。"

小武回了一句："你怎么知道他在外面抽不抽烟？凭什么大人可以抽烟，我就不可以？"

陈乐忧挠挠头，有点无奈地说："也不是大人就可以抽烟了，抽烟是个坏习惯，对身体有害，老抽烟，以后就比较容易得肺癌。你要是觉得新鲜刺激偷偷尝试一下就可以了，变成习惯了就不好了。"

小武头也不抬地说："你又没试过，你怎么知道不好？"

陈乐忧冲口而出："我怎么没试过？这烟味特冲鼻子，吸一口进去就呛得我直咳嗽……"话还没说完，陈乐忧就发现老妈对她怒目而视，小武似乎偷偷地笑了一下。她立即醒悟过来——上当了，拿起旁边的餐巾纸盒朝小武扔过去，"这坏孩子，敢诈我！"小武已经把碗放下走了，陈乐忧赶忙对老妈解释："妈妈，就一次啊，我发誓，我就是好奇抽了一次，我早就发誓这辈子都不会再碰一下烟了！"说完，她也赶快跑了。

方笑薇无奈地坐下，继续收拾碗筷。一个人的客厅是冷清的，她上楼想去睡，可躺在床上眼睛瞪大，了无睡意，只得起来，拿起一本枯燥晦涩的书来看，想催眠一下。结果看了半天，一个字也没有看进去，脑子里各种念头在相互冲击，像有两个军队的蚂蚁在她脑子里打仗一样。这样自我折磨了好久之后，直到夜里十二点多才朦胧睡去。

半夜，方笑薇被楼下的一声闷响惊醒。她从来睡觉就轻，有点风吹草动就马上醒了，这声闷响更是让她的心头一跳。她预感到有什么事要发生，马上坐起来披上睡袍想下楼去看看，又怕是来了小偷或抢劫的，马上转身从陈克明的高尔夫球袋里拿了根球杆，经过女儿房间的时候，她犹豫了一下，还是没有叫醒女儿，万一真是小偷，人家身强力壮的，母女两个加起来也不是人家的对手，何必早早地就把女儿暴露出来？

她一边轻手轻脚地走，一边心里一万次地后悔没有听陈克明的话，在家里养条大狼狗看家护院。这么大的房子，相邻两幢房子之间至少还隔着好几十米的距离，就算家里翻了天，别人也不会发现。虽然有保安二十四小时巡逻，但这个小区这么大，谁知道他们现在巡逻到哪个角落啊？还有，这报警系统为什么没有响?

她抓紧棍子,轻轻地下楼,借着客厅窗外朦胧的月光看了看,客厅没有可疑的黑影,她又仔细地听了听,好像有模糊的声音传来,她辨认了一下方位,声音好像是从小武的房间里传来的。她马上走到小武的房门口,握着球杆,一边警惕地四处张望,一边小声喊:"小武!小武!你没事吧?"

小武房间里的声音大了一些,好像是在呻吟。方笑薇一下子害怕了,她马上扔了球杆,跑上楼,从梳妆台的抽屉里翻出备用钥匙,又使劲地拍女儿的房门,急促地叫忧忧的名字让她快起来。

陈乐忧睡眼惺忪地起来,方笑薇已经跑没了影,只扔下一句话,让她快下楼。陈乐忧看她那紧张的样子,不知发生了什么大事,也赶快披上睡衣就跑。方笑薇打开小武的房门,开了灯,只见小武捂着肚子躺在地上,脸色苍白,额头上是大颗的汗珠,脸疼得都变形了,在地上滚来滚去。

陈乐忧一见到小武这个样子就着了急了,马上跑过去问:"小武,小武,你怎么了?"

小武痛得连话都说不出来了,方笑薇蹲下摸摸他的额头说:"还有低烧。"然后她果断地吩咐女儿:"小武的肚子疼得这么厉害,怕是阑尾炎发作了,你赶快去打120叫救护车来。"陈乐忧飞快地跑了。小武滚了一会儿,突然呕吐起来。方笑薇顾不得嫌脏,把他的身体轻轻地翻过来,让他朝左侧躺着,然后从床上拿了个枕头把他的头垫高了一点,让他把头偏向一边,然后她马上到浴室拧了湿毛巾,开始给小武擦起来。

大约过了十分钟救护车就来了,但在方笑薇眼里这十分钟好漫长啊。在救护人员把小武搬到担架上的时候,她赶快上楼拿了自己的手包,翻出家里所有的现金就随着救护车一起去医院了。

小武做了阑尾切除手术,要住院一周。两天后,陈克明出差回来的时候,家里什么人也没有,等到下午才回来一个陈乐忧。方笑薇白天要去医院看护,小夏送饭,家里的一切有条不紊地运行着。陈克明去医院看了几次,虽然请了护工晚上照顾小武,但来回的奔波让方笑薇几天时间就瘦得脸都尖了,陈克明有点愧疾,要她回去好好休息一下,自己来替她一天,她淡淡地说了声好就走了。

方笑薇回到家里,感觉精疲力竭,坐在沙发上半天不想动。小夏走过来递给她一个挂号邮包说:"阿姨,这是今天早上刚送来的,你不在,我给你代签了。"

方笑薇疑惑地接过邮包,十分奇怪,她都多少年没有收到过邮包了?从小读书生活都在北京,家人朋友也都住得近,一个土生土长的北京本地家庭主妇,谁会给她寄邮包?

邮包并不重,薄薄的一层,上面标注是印刷品。方笑薇三下两下撕开邮包,里面的一沓照片掉了出来。方笑薇拿起照片一看,里面记录的是一个幸福的三口之家外出活动的剪影——在游乐场,在麦当劳,在儿童剧院。温婉柔弱的妻子,调皮可爱的儿子,以及略显沧桑的丈夫,每一处都向人们宣告这是一个幸福的家庭,只是在这个幸福的家庭里,这个男主人却是她的丈夫。

方笑薇内心冰凉,连小夏什么时候走的都不知道。

陈克明从医院回到家里时,感觉家里气氛不对。方笑薇没有像往常一样接过他手里的东西,也没跟他打招呼,只冷冷地坐在沙发上。陈克明走过去,顺手把包放在茶几上,一边伸手去扶方笑薇的肩膀,一边说:"你怎么了?"

方笑薇用力挣开了他的手,从身后拿出一摞照片,啪的一声给甩到他面前说:"怎么了,你自己看!真不要脸!"

陈克明也火了:"我怎么不要脸了?你倒是说清楚看!"

方笑薇把照片塞到他手里:"装!装!你再接着装!我看你能装到什么时候!你要脸,怎么会干出这种不要脸的事来?"

陈克明低头快速地看了一下照片,脸色都变了:"方笑薇,你好本事!你居然还跟踪我!我从来不知道你这么有心机!"

方笑薇气得手都要发抖了:"我有心机?我有心机会到今天才知道你外边还有一个家?你在外面连私生子都养了,你反倒来骂我有心机!这几年都难为你了,两边都要骗着,两边都要跑着,怪不得老喊累呢,怪不得老说自己精力不够用呢!家里放着一个,外头还养着一窝,可怜我还天天想着法子让你放松,给你调养,我怎么就这么傻呢!我活到四十多岁了居然变成了一个大笑话!"说到最后，方笑薇悲从中来掩面痛哭。

陈克明拿起照片就撕，厚厚的一摞照片太硬，一时半会撕不碎，他一边下死劲地撕，一边说："你就是活得太闲了，没事找事！成天幻想自己的老公出轨，幻想自己是受害者，成天疑神疑鬼，神经过敏！你以为我不知道你去电信打印了我的通话清单？你以为我不知道你偷看了我的手机？你以为我不知道你偷偷翻过我的包？我看在你是我老婆的份上忍了就算了，现在你还得寸进尺了，还派人跟踪我给我拍照！接下来你要干什么？我告诉你，事实根本不是你看到的这个样子！所有的一切都是你幻想症发作！"

望着陈克明鄙夷的眼神，方笑薇快要崩溃了："这是我的幻想吗？你心里没鬼为什么怕人家拍照？孩子都那么大了，你还想骗谁？大概只有我一个人被蒙在鼓里吧？你敢说照片上这女的不是丁兰希？你敢说这孩子不是你的？"

陈克明眼神冷峻如刀，深深地刺了她一眼，一字一句地说："你既然这么有本事，你就自己慢慢查去吧。我真是很为你可惜，你把这聪明才智都用在这上面实在太浪费了。国家安全局怎么不请你去办公呢？"

陈克明摔门而去，方笑薇心痛到绝望。

　　摔门而去的陈克明并没有远走,他连车都没有开就气冲冲地出了小区的大门。现在他在小区附近的茶楼门口溜达,迫切地需要找一个人来倾诉一下他此时的心情。他不明白,一向宽容明白事理的方笑薇怎么会干出跟踪拍照这种事来,还咄咄逼人地指责他在外面养了私生子。难道真是跟那帮有钱的怨妇混久了,传染上了无事生非的毛病?莫非是更年期提前了?

　　陈克明想来想去也想不通,他拨通了损友一号老王的电话,想约他出来一起喝一杯。电话里老王明显不在状态,哼哼哈哈地敷衍他,陈克明立刻明白了,他这是另有节目。平时老王只要在自己家里,和胖老婆两人相看两厌的时候,只要陈克明的电话一到,他不啻是抓住了一根救命稻草,不顾老婆在后面嘟囔抱怨,立马就名正言顺地出门找陈克明了。现在他这态度,不说来,也不说不来,可就暧昧得很了。

　　陈克明哪有那么不识趣,正准备寒暄两句就挂,耳边传来了远远的一声娇嗔:"还有完没完呀?"然后是老王离开话筒唯唯诺诺的声音。陈克明把电话挂了。

　　接下来是损友二号老齐,目前正在与老婆闹离婚,已经正式住到了酒店里,正忙着找备用老婆。暂时也没空。损友三号老贾不在北京,出差中。损友四号、五号……

陈克明简直要崩溃了，难道全世界的人都在忙自己的事，没有一个人能分身出来关怀一下他吗？就在他咬咬牙，准备回家时，一个电话打来适时地留住了他的脚步，他转身拦了一辆出租车。

方笑薇的生活彻底地陷入了前所未有的危机中。每一对夫妻都曾经海誓山盟过，但这并不能保证他们日后不会劳燕分飞。

陈克明当晚夜不归宿，而且有史以来第一次没有给方笑薇任何电话或短信。方笑薇不知如何去面对这种无声的漠视，她宁愿像以前一样，和陈克明大吵一架，把一切都发泄出来，也不愿意像现在这样，不声不响地把人悬在半空中。有时候，不声不响、不闻不问比惊天动地的争吵还要更让人伤心和绝望。

方笑薇拿起那些照片，一遍遍地看，如同用刀子把自己脆弱的心一次又一次地划，划得鲜血淋漓仍不肯停手。她不停地对自己说："看吧！看看这个虚伪恶心的男人！看看这对奸夫淫妇！他们欺骗了你，你是一个失败者！你的人生就是一个骗局！"她神经质般地让这自虐式的痛楚纠缠着而无力自拔。

她想她也许终究还是逃不掉这个怪圈：从争吵到伤心，从伤心到争吵，从决绝到妥协，从妥协到决绝，折腾无数遍后，彻底把多年以来的爱情亲情都窒息掉，成为一个孤家寡人。

她怎么也想不通，一个男人是怎样的左拥右抱，享尽齐人之福的？看看照片上的那个十岁的孩子，她居然和另一个女人共同拥有同一个丈夫长达十几年的时间！难道陈克明一直都在做戏？他一直都周旋在两个女人之间如鱼得水？她竟然无知无觉到了死人的地步，真是聪明一时，糊涂一世啊。

方笑薇不用照镜子也知道自己现在蓬头垢面，面目苍白，神情委顿。她想，现在谁还会在乎你是不是整洁端庄？谁还会计较你是不是仪态万方？那个最应该在乎的人现在都已不知去向。

她像个影子和游魂一样半夜晃出了家门。再在这个和陈克明共同生活了十几年的空间里待下去，她会感到窒息。撕掉了在女儿面前若无其事伪装的坚强，她也不过是一个可怜的女人。

方笑薇漫无目的地"梦游"到了小区的一个角落,她记得那里有一个弯弯曲曲的小湖,有一座小桥直达湖心小亭。她溜达了一会儿,坐在湖心小亭的栏杆上,望着黑黝黝的湖面无声地流泪。她知道,自己戴着面具生活已经很久了,早就忘记了摘下面具该如何生活。平时那个风光无限、优雅自如的贵妇人都是假象,现在这个内心不堪一击,泪流满面的脆弱中年女人才是真实的自己。

　　"你怎么了?"一个声音从方笑薇背后响起。她霍然回头,一个穿着保安制服的稚气未脱的小伙子问她。

　　她冷冷地回答:"不要管我,干你自己的事去。这不是你该管的事。"

　　这个陌生的小伙子没有被她的冷淡打发走,反而不屈不挠地操着有浓重口音的普通话接着问:"你看起来年纪也不老,为什么这么想不开啊?"

　　方笑薇把头转回去,她只想把这个多管闲事的保安快点打发走,于是声音更加冷淡地说:"走开! 我不会自杀。"说完了,方笑薇只顾自己哭,根本不理他。

　　他停了半晌,突然说:"我只要有了不开心的事,睡一觉起来第二天就忘了。快回家去吧,家里人还等着你呢。"

　　方笑薇简直怒了:"我说过了,走开! 我四十一了,我知道自己在干什么,我不会自杀。"

　　"四十一怎么了? 八十一也得活呀。想自杀的人十个有九个都这么说,等我一转身,你说不定就跳下去了。"这个木讷的小伙子指着黑沉沉的湖面说,看来也是个一根筋的主儿。

　　方笑薇站起身来,快速地绕过他,向自己家走去。夜已经很深了,风吹得衣衫单薄的她一阵阵起鸡皮疙瘩。她得感谢这个不知名的小保安,现在她完全清醒了,四十一怎么了,八十一也得活下去呀!

　　那个小伙子并没有追赶她,只是远远地跟着她,目送她走进自己家大门才离开。

　　回到家里的方笑薇简直像虚脱了一样。她瘫坐在客厅宽大的沙发上,脑子快速地转着。客厅里空无一人,只开了一盏阅读灯,静静地发出柔和的光芒。女儿在楼上熟睡,小武还在医院里,整个家现在只剩下她一个人是清醒的,或许还清醒得过了头。她迫切地想要弄清楚她的婚姻到底出了什么问题,这些亲密的照片是怎么来的？那三条亲昵的短信又是怎么回事？难道这些东西加起来只换来陈克明的一句"幻想症发作"吗？

转眼间，方笑薇就想到了问题的关键：这三条短信的号码已经由她亲自证实都是来自丁兰希了，那这些照片是谁送到她手上的？按照小夏的说法和方笑薇看到的事实，这些照片都是一个匿名的人寄给她的，那这个匿名的人是不是丁兰希？谁最能从方笑薇和陈克明的离婚中得到最大好处？

她不想坐以待毙，等着人家一步步来侵占她的领土。而且，方笑薇从这件事中，凭着女人的直觉嗅到了阴谋的气息。她觉得这件事情绝没有她表面看到的那样简单，要解决目前的问题，也许要打一场旷日持久的战争。没有硝烟但同样是你死我活的战争，而敌人，她还不清楚是谁。也许在这场战争中，不论是陈克明还是她方笑薇，都要露出最真实的一面，但是她没有第二条路可走。

作为一个女人，方笑薇是无可指摘的，她日复一日称职地表演一个完美主妇应有的一切。因为她没有别的事业，丈夫和家庭就是她的一切，她只能认命当一个专职阔太太，为丈夫的事业锦上添花。

不要以为当一个有钱人家的专职阔太太就是一项轻松的事，事实上，这是一项风险和收益都极高的投资事业，如果她运气够好，她所能得到的最好的分红就是"白头偕老"。如果她运气不够好，那么很有可能就是"始乱终弃"或"中道下堂"这样的投资失败。但是即便运气好，她在最终得到这份名叫"白头偕老"的分红之前，也会经历种种痛苦挣扎和撕心裂肺的伤痛，因为很多时候，你不是稳稳当当地坐着就能拿到这份分红，而是可能要分出三头六臂来应付其他想抢你这份分红的人，这个过程就足以让很多优秀的女人彻底崩溃。

陈乐忧已经高三了，方笑薇不想让女儿受到任何的影响和伤害，也不愿让女儿亲眼目睹她的失态，为此她决定第二天早上就动员她去住校。至于其他人，方笑薇不打算把自己目前的状况告诉任何人，哪怕是自己最好的朋友马苏棋也不例外。当一个婚姻出现危机的怨妇出现在公众面前的时候，她听到的永远都是同情和安慰，而只要一转身，她就沦为别人茶余饭后的谈资和奚落嘲笑的对象。方笑薇不想让任何人有嘲笑她的机会，她决定孤军奋战。

情何以堪

　　方笑薇是个不折不扣的行动派。她想通了一些关节后马上在第二天动员陈乐忧去住校。为了怕她反悔，她还在下午就去了陈乐忧的学校，给她办住宿登记和缴费。

　　等方笑薇办完了所有手续，给陈乐忧铺好了床，她才算松了一口气，转身出了宿舍楼。路过教师办公室的时候，她看到陈乐忧的班主任苏老师在里面，于是心念一动，她又进去和苏老师聊了一会儿，了解一下女儿的近况。

　　苏老师四十多岁年纪，儿子已经上了大学了，已经带了十几届毕业班了，经验丰富，跟方笑薇十分谈得来。毫不例外，苏老师满口都是赞誉之词，聪明、懂事、活泼、开朗、刻苦、做事有分寸……方笑薇静静地听着，嘴里不停地表示谦虚，末了等苏老师说完了，她才试探性地问："您看，凭忧忧现在的成绩，能上一本线吗？"

　　胖胖的苏老师双手一拍，夸张地说："忧忧妈，你怎么对女儿这么没信心？忧忧要上不了一本线，还有谁能上？放心吧，就算上不了北大清华，也至少是人大。"苏老师说这话倒也不是无的放矢，陈乐忧是苏老师的得意门生，成绩一直稳居年级前十名之内，上一本线自然是不用发愁的。可是方笑薇想听的不是这些，她想从老师那里探听到女儿最近是不是有些异样的思想苗头，想知道女儿最近跟什么人来往，可这话怎么能对老师明说呢？而且听苏老师的意思，她更不知情。

离开苏老师办公室的时候，方笑薇再三拜托请苏老师一定要对方笑薇严格要求严加管教，有什么事只要给她打电话她马上就到学校来。苏老师自然是满口答应，连连说有这样乖的女儿还有什么不放心的。

方笑薇出了教学楼，路过操场的时候，看到一个熟悉的身影，那是女儿的好朋友关颖在上体育课。她心里一动，马上转身到旁边的服务社买了两杯珍珠奶茶，然后走到操场的边上叫着关颖的名字。

关颖听到呼唤看清是方笑薇，然后跟老师说了句什么就朝方笑薇这边跑过来了。方笑薇笑着看阳光下那个快速跑来的少女，忍不住会心一笑。关颖别出心裁地在校服里穿了件长及大腿的裙衫，下面又还是原来的校服裤子，头发梳成了个歪在一边的高高的马尾，跑的时候，裙摆和马尾一起飞扬，看样子，她没少在校规上动脑筋。

方笑薇很喜欢关颖，这是个气质不同于忧忧的女孩，有点娇气，有点刁蛮，还有点天真，总之是个精灵古怪的小姑娘，在校乐团吹黑管。方笑薇不记得在自己哪次生日时，陈乐忧把她拉过来，两人合奏了一曲朝鲜民歌《祝妈妈生日快乐》，搞得还有模有样的。关颖是陈乐忧十年的死党，方笑薇爱屋及乌，对关颖就像对自己的第二个女儿。

关颖气喘吁吁地在她面前站定，方笑薇把手里的奶茶递给她。

关颖一手接过奶茶，吸了一大口才说："阿姨，什么事呀？"

方笑薇不急于回答她的问题，反而指指她的裙衫说："你穿成这个样子你们老师也不说你呀？"

关颖一边吸奶茶一边不满地说："阿姨，你怎么跟我妈一样？我们班主任去医院了，今天不来上班。她要生孩子了，每隔一周的礼拜二都要去医院检查。"方笑薇失笑："所以你就找了这个空子钻了？"

关颖得意地一笑："我可是善于观察才能逃过检查呢。阿姨，你找我有什么事吗？"

方笑薇这才想起自己找她的本意，连忙说："小颖啊，你是忧忧最好的朋友，所以阿姨请你帮忙注意一下，忧忧要是有什么大事，你可要及时给阿姨打电话啊。"

关颖扑闪扑闪那毛茸茸的大眼睛说："能有什么事呢？阿姨你举个例子。"

方笑薇耐心地说："比如，她现在跟同学相处得怎样啊？跟什么人交往啊？有没有什么事影响学习啊？这些你都可以跟阿姨说说。"

关颖重重地一点头："懂了，阿姨，你就是让我做卧底，监视忧忧有没有谈恋爱影响学习，对吧？"

方笑薇哭笑不得，这孩子，太聪明，也太直白，她无可奈何地说："不是让你监视她，只是让你有重大情况及时通知阿姨，这样不就不会出大事了吗？"

关颖不满地嘟囔说："还说不是监视，能出什么大事啊？家长们怎么都喜欢搞这一套！"

方笑薇听了失笑："还有谁也这样了？"

关颖又吸了几口奶茶才说："我妈呗！她让忧忧给她做卧底，看我在学校里有没有乱来，还好，忧忧都告诉我了。不然，隐私都要被你们知道了。"

方笑薇没辙了，挥挥手说："算了，算了，我不打扰你了，你先上课去吧。"关颖把手里空空的奶茶杯子往方笑薇手里一放，一边跑一边说："阿姨，帮我扔到垃圾桶里啊！谢谢！"

方笑薇啼笑皆非，现在的孩子真难对付。

方笑薇快快地回到家里，掏出钥匙去开门才发现门已经是开的，她有点奇怪，小夏走的时候难道忘了锁门吗？她收回了钥匙，刚要伸手去推门就发现陈克明已经把门拉开了。方笑薇看到他，淡淡地说了声："回来了？"就若无其事地朝家里走，仿佛他们之间不曾爆发过大吵，仿佛陈克明只是出了一趟小差一样，平平淡淡地就过去了。

陈克明用陌生的眼光看着她，如同芒刺在背。方笑薇放下东西，换拖鞋，她甚至在忙碌中还不忘问他一声："饿了吗？过一会儿就开饭。"陈克明没有说话。

方笑薇越是表现正常，陈克明就越觉得不正常。他不知道她心里到底在想什么，她太冷静，也太客气了，简直都不像是对自己的丈夫在说话，客气得像应付一个陌生人。

方笑薇微笑淡定的脸上仿佛蒙着一层面纱，让陈克明看不透她真实的想法。他觉得现在的方笑薇距离他好遥远，忍不住出言挑衅："你到底要干什么？"

方笑薇转过头来："这句话应该由我来问你才对，你到底要干什么？"

陈克明气得脸色铁青："你不可理喻！"

方笑薇背对着他，声音很镇定："如果你发现跟你共同生活了十八年的枕边人其实一直在骗你，如果你发现你最爱的人已经背叛了你，背叛了你们的婚姻，你还会说我不可理喻吗？"

陈克明烦躁地揪着自己的头发："你还要我说多少遍你才会相信？是你自己神经过敏自寻烦恼！"

"是吗？"方笑薇冷笑，"那照片上的那个好丈夫好父亲不是你吗？难道那也是我神经过敏？"

"我承认，我是去见过丁兰希了，我也跟她吃过几次饭，但没有更多了。事情绝不是你想象的那个样子……"陈克明艰难地说。

方笑薇挥手制止了他继续往下的说辞："事情不是我想象的那个样子，那你告诉我，我想象的是什么样子？你别告诉我，你们只是被迫分手，多年以后使君有罗敷妇有夫，你们见面了发现彼此最爱的人还是对方？所以决定排除万难也要在一起？你现在是不是就打算哀求我放过你们这对苦命的鸳鸯了？"

陈克明难以招架，恼羞成怒："你怎么这样尖酸刻薄？你这个样子还是原来的你吗？仅仅是一点小事你也要掀起大风浪……"

方笑薇嘴角牵出一丝嘲讽的笑："陈克明，你也终于承认了是有一点小事了？你原来不是口口声声说我无事生非吗？你敢说你心里就从来没有过旧情复发的念头吗？你不敢说！你连你自己都不敢面对！原来不是我幻想症发作，而是你心里有鬼啊！我告诉你，陈克明，我一辈子最恨人家欺骗我！你敢骗我你就要付出代价！"

方笑薇的声音格外尖厉刺耳，陈克明也被激怒了，他"砰"的一声拍在茶几上："什么代价？你太高估你自己了！方笑薇，你一辈子养尊处优当太太，你能让我付出什么代价？"

方笑薇不语，快速地跑上楼才说："你会知道的。"

陈克明看着她冰冷的笑容顿时觉得毛骨悚然。

意料之外

　　"生命是一袭华美的袍子,上面爬满了虱子。"是的,婚姻也是这样,从远处看光鲜亮丽,走近了才发现种种的不如意。

　　方笑薇和陈克明分居了。她无法忍受一个在别人那里充当好父亲的人,回到家里又来当她的好丈夫。她把陈克明的东西迁出了卧室,搬到了对面的书房。她要让陈克明知道,她不是一个任人拿捏的面人,触犯了她的原则和底线,她也是有脾气的。

　　现在她对陈克明的政策就好比大节期间的北京治安——"外松内紧"。表面的势同水火和互不相关只是一种假象,至少体现在陈克明那里是一种假象。陈克明现在对一切的证据都矢口否认,方笑薇决不会去逼他承认,因为她根本就不想离婚,也不会将陈克明逼到绝路上去。她只是想给陈克明一个教训,一件事不是大家都做就是对的,也不是谁都可以去无条件地去玩出轨搞外遇,然后再若无其事地回归家庭的。她不是一个机器人,也不是一个招之即来挥之即去的奴隶,她可以宽恕一时的失足,但决不容忍一错再错。

　　方笑薇此举还有另外一个更深的用意,她在等待一些事情的发生来印证她的猜测。无论是谁,这个时候只要知道了他们夫妻关系紧张,就一定会浮出水面,到时候一切自然就水落石出。

想通了这些,方笑薇反倒气定神闲了,小武明天才能出院,陈克明会怎样她不管,但她自己决不会置之不理。冤有头债有主,要打要杀也是她和陈克明之间的事,要记恨要报复也只是她和陈克芬和婆婆之间的事,跟小武没有关系,她没有理由去殃及池鱼。加上陈乐忧的面子,她更不可能就那样把小武扔到医院里不管。

她决定重新收拾起她荒废掉的一切,比如美容健身,比如上网写评,比如逛街血拼。既然我改变不了我的男人,那么就让我改变我自己吧。

方笑薇开着车到医院的时候,她并没有看到陈克明,只看见小武一个人眼巴巴地坐在床上等,看到她来了,小武眼睛里闪过一丝惊喜,但随即就被假装的无所谓代替,他转过头去看着窗外。方笑薇无视他这副拒人千里之外的表现,淡淡地说:"小武,你稍等一会儿,我去和你的主治医生说会话,问问情况再出院。"

小武点头,方笑薇放下东西拍拍他的肩膀才出去。她心里有一点点的惊喜,小武并没有反对她的碰触,那就表明他心里实际上没有他表现出的那样抗拒她。

找完了主治医生,问完了情况又办了出院手续,时间已经过去很久了,陈克明还没有出现。方笑薇急匆匆地给小武收拾好东西,带着小武往医院外面走,正走到大门口的时候,陈克明一阵风似的卷进来了,看清那两个抱着大包小包的人是方笑薇和小武时才松了一口气,脸色有些讪讪的,方笑薇知道他在想什么,把手里的一个大包和小武手里的东西拿过来递到他手里,说了声:"走吧,回家吧。"陈克明才如蒙大赦,跟小武没话找话说,小武照旧是问三句答一句。

走到车库的时候,陈克明面对着两辆车有点踌躇,方笑薇说:"你忙你的去吧,我带小武回家。"边说边打开车锁。陈克明犹豫了一下,拉开了方笑薇的车门坐进去说:"一起走吧,待会让小李来把我的车开回去。"

方笑薇没有异议,她让小武也坐到后面去,然后绕到驾驶座旁开门坐下,系好安全带才发动汽车。

一路无话。车子就这样静悄悄地开回了家,方笑薇从后视镜中看了一眼,陈克明眼望着窗外不知在想什么，小武已经昏昏欲睡了。看着小武苍白的脸色，方笑薇有一瞬间也有点微微的心疼，这孩子这回挨了一刀，可算受了不少罪了。可这心疼跟亲情无关，仅仅是从一个母亲的角度出发的一点同情心驱使，所以只是短暂的触动后，方笑薇重新又在心房之外竖起了自己坚硬的"铁甲"。

车子开到离家只有几步远的林荫道上，透过客厅轻薄的白纱，方笑薇已经眼尖地发现家里似乎影影绰绰地有人，她心里一沉：不会是婆婆知道了小武住院的消息来砸场子的吧？

陈克明也注意到了家里异常的情况，他的脸色也凝重起来，方笑薇不屑一顾地想，这回我倒要看看你陈克明是个什么态度。

真是怕什么偏来什么。等方笑薇和陈克明带着小武走进家门时，果真是婆婆大人驾到了，而且还有正牌小姑陈克芬也随同访问，不过这访问是不是亲切友好地进行方笑薇就不知道了。小夏看到方笑薇他们回家，松了一口气，赶紧也交代了几句走了。

方笑薇把目光投向那母女俩，看那个样子，这两人都不像和平的使者，反倒像开战的先锋。婆婆气势强硬地站在客厅当中，陈克芬手挽着老太太，下巴高高抬起，像足了佘太君身边的杨排风。

方笑薇没有说话，自从她宣布不想再看到婆婆第二眼之后，她就发过誓决不会再叫她一声"妈"了，她是认真的，她已经被婆婆伤透了心。

婆婆显然没有料到会是这种情况，她没有想到方笑薇是这样一个说得出做得到的人，看到她来了连声"妈"都不叫了，她也没料到小武会在今天出院，一时之间她竟然也没有说话。不过有一个人可不是那么好应付了，陈克芬率先发难了："方笑薇！不是你的孩子你就不心疼是吧？你看看小武都被你折腾成啥样了？"

陈克明及时地打断了她："克芬！她是你嫂子！你在孩子面前就这样说话？给孩子带来什么影响？小武是阑尾炎发作了才住的院，要不是你嫂子发现得及时，他的小命都没了。"

陈克芬已经扑上来了，拉着小武的手指着他说："哥，你看看小武，来北京前还好好地,什么毛病也没有,这才几个月工夫呀?就进了医院动了手术了,谁知道是真的得了阑尾炎还是吃了别的什么暗亏呀……"

陈克芬的话提醒了老太太,她一把眼泪一把鼻涕地上上下下地摩挲着小武,检查他身上有没有别的伤,看起来就是个慈祥的老祖母,但从她嘴里吐出来的话可一点也不饶人:"克明啊,我把小武好好地交到你手上,指望你这个做舅舅地能管好他,让他走上正道,你怎么就撒手不管全交给别人哟,好好的孩子都被她给教坏了,你老不在家,这孩子还不知道受了些什么虐待哟,可怜啊……"

陈克明面对这胡搅蛮缠一向是没有什么好主意的,他烦躁不安地向他的母亲解释,但意料之中的是,陈老太太什么也听不进去,只是又哭又骂,陈克芬朝方笑薇投来胜利的一瞥,又去安慰她的母亲去了。

方笑薇一言不发,看着他们一家人表演,她心如止水,早就知道会有这一幕了,她不生气,权当是在看演出,只不过这演出门票比较贵,她花的代价比较高而已。

不过,这场陈氏家族共同出演的年度大戏没有演多久,就发生了戏剧性的转折。小武在短暂的迷糊后搞清了状况,挣脱了爱的怀抱,对陈克芬冷冷地说:"够了吗?这回又要拿我说什么事?"

陈克芬显然没有料到儿子会这样说,她愣了一下,不相信地问:"小武,你在说什么呀?我是你妈妈呀?我这么做都是为了你呀?"

大概是和方笑薇相处久了,小武也学会了冷笑:"你是为了你自己吧?你要钱从来不都是打着我的名义吗?你们口里的这个坏女人既没有虐待我,也没有毒害我,反倒是你,在我快没命的时候你在哪里呢?"

陈克芬有点不敢正视小武咄咄逼人的目光,嗫嚅着说:"我不是在家里吗?我……"

小武倔强地昂起头:"你整天打牌赌钱,管过我一天吗?从把我生下来起,你就把我扔给外婆,什么都不管,我找你你就用钱打发我,没钱了你就找你哥要。你还敢说都是为了我?"

小武说完,几步走到他的房间里,"砰"的一声重重地关上了门。方笑薇泪盈婆娑,她没有被陈老太太和陈克芬气哭,没有被陈克明的软弱和无能气哭,但这一刻,她真正地被小武感动了,也许他还算不上仗义执言,但在这个时候,他能站出来讲这样一番话就足以让方笑薇铭记在心了,她决定,从这一刻起,不管她和陈克明发生什么事,她一定要善待小武,好好地教导他走上正途。

猜猜今天谁过生日

　　陈门女将的征北之途有点虎头蛇尾的感觉,乘兴而来,铩羽而归。

　　陈克明第三天就把她们送上了回老家的火车,在这个混乱的时刻,他也不希望他母亲和妹妹再来插上一脚。他知道,陈克芬一向是成事不足败事有余的,而且还唯恐天下不乱,任何事只要被她掺上一脚,非得彻底乱了套不可,而他老妈一向是个棉花耳朵,陈克芬说什么就是什么。有了这两个人一同出现在这个非常时期,再加上已经和他分居势如水火的老婆,他实在没有面对现实的勇气。

　　不过,既然事情已经解释清楚了,小武的状况她们也亲眼看见了,陈克芬觉得她们也实在没有再留下来的必要。而且方笑薇面对她们的冷嘲热讽、明枪暗箭既不躲闪也不反击,只冷冷地像看她们表演一样,于是陈克芬和陈老太太意识到,这回,恐怕方笑薇是动了真怒,她们的任何表现恐怕都没办法再撼动她了。

　　方笑薇尽管冷若冰霜,但该有的礼节她一样也不少,好菜好饭伺候着,明眼人一眼就可以看出陈克芬和老太太摆明了是想在鸡蛋里挑骨头,陈克明看在眼里记在心里。对老太太他没办法,但对陈克芬他还是有长兄的权威的,他借着陈克芬的事大发雷霆,把她大骂了一顿,让她有点做客人的觉悟和做母亲的样子,不要在这里无事生非。陈克芬一下子噤若寒蝉，立刻停止了破坏活动，消停了下来。

此地不宜久留，陈克芬夹着哥哥塞给她的钱，带着老妈又匆匆地回家了，走之前她都没想起来问小武一声，要不要跟她们一起回家，就好像把他忘了一样。方笑薇悲哀地注意到，小武虚掩的门缝后面，有一双眼睛在盯着收拾行李的陈克芬她们，而直到她们上了陈克明的车离开，这双眼睛的主人也没等来那句该有的问话，好像她们原本就不是为了他而来，而现在他留在这里更是天经地义。

方笑薇知道，小武是彻底地失望了。她不知道怎么去安慰一个敏感的孩子受伤的心灵，只有沉默。小武自从他的母亲来过之后也变得更加沉默，他甚至不敢面对方笑薇，因为难堪，因为恼怒，因为羞愧。

方笑薇没有故意地去接近他，她想让他自己度过这段敏感时期后，再和他好好谈谈。陈乐忧由于住校，完全不知道家里曾经发生了八级"地震"，也幸好她住校，看不见这些丑陋的事情，省了方笑薇多少口舌。不过小武就没有这么幸运了，作为事件的主角，他受伤最深。方笑薇现在还不敢贸然地去安慰他，只能寄希望于时间了，希望随着时间的推移，随着他的逐渐长大，他能忘掉那些不愉快的往事。

方笑薇的生活一切照旧，每周还抽出一个下午来写股评。

最近市场传言较多，一方面紧缩政策不断出台，一方面大盘股集中发行，而近期推出股指期货的呼声也越来越大。综合各种利空消息，不少人都有些心虚，不知道未来的市场会是什么样的局面，应该怎样应对。方笑薇想这时候，也许自己真应该好好关注一下大盘走向，也许这十年难遇的牛市就要开始转"熊"了。

她上了线，正准备在她的博客里贴出她的评论，MSN上一条信息闪过来，她点开一看是以前的"战友"，七剑之一的"孤独客"在跟她问好。

她懒得打字，回了一个笑脸就不准备发言了，没想到"孤独客"又发来一条消息："薇罗妮卡，你认为现在牛市会开始转熊吗？"

方笑薇一笑，只得放下手里的活，敲了几行字进去："目前不会。因为人民币升值趋势没有改变，企业业绩增长趋势也没有改变。当前经济高位运行，央行加息抑制当前过热的经济,但加息频率在加快,应当是希望通过加息政策,提高企业投资成本,从而抑制投资过快增长的现象。"

"孤独客"很快回了一条信息:"英雄所见略同。一旦利率增加到百分之五以上,加息对股市的影响会比较大,会有明显的体现。目前的多种利空消息从短期看虽然都有负面作用,但是这种作用还没有达到改变趋势的程度。"

方笑薇又一笑,这"孤独客"哪里是询问意见来了,分明是趁机发表自己的观点,好为人师。她懒得再敲下去,因为她不会五笔,键盘也不太熟练,用拼音打字速度慢得很,人送绰号"海灯法师"——因为她以前只用左右手的两个食指在敲,马苏棋说她在练"二指禅"。

她贴完了股评,正准备下线,"孤独客"又来消息了,她只得点开,回答他的问题。"孤独客"问她最近看好哪些股票,方笑薇已经有些日子没有看盘了,她也不太拿得准具体那只股票好,只好笼统地说是资源类的股票,因为人民币升值会带来资源价格的上涨。她个人认为,行情会在有色金属、煤炭、钢铁、石油等热点板块上轮动,因为这些大的板块能更好地分享人民币升值带来的收益。

"孤独客"没有获得他需要的具体的消息,过了一会儿就不再发言了,方笑薇才开始浏览一些信息和新闻。

过了一会儿,小夏收拾完了屋子,跑来问今天要准备些什么菜,方笑薇看看时间差不多了就下了线,然后告诉小夏今天不用准备,他们要到外面去吃饭,让她干完了就可以直接回家。小夏高兴地走了,方笑薇给陈乐忧和陈克明都分别发了短信,让他们今天早点回家。发完了短信,她又去看了一下小武好像不在屋里,她没法再等了,就给陈乐忧又发了条短信,让她带小武去定好的饭店。

小武从外边回来,看见陈乐忧正坐在沙发上,百无聊赖地玩遥控器,看见他回来简直喜出望外,赶紧拉着他说:"快走,小武。咱们赶紧打车出门,晚了老妈老爸就等急了。"

小武被她糊里糊涂地拉着往外走,一边走一边问:"上哪儿去呀?"

陈乐忧喜滋滋地说:"到了你就知道了。"

果然是到了就知道了。方笑薇正在翻菜单点菜,看见他们来了就说:"哟,小寿星终于到了。"

陈乐忧一把把小武摁到一张椅子上说:"过生日的坐这个法定位置。"

小武惊讶地用手指着自己的鼻子说:"今天是我过生日?"

陈乐忧笑嘻嘻地说:"你就别装了,我不信你会不记得今天是自己生日。放心,我老妈记得每个人的生日,不会过错日子的。再说了,要错了也是你错了,反正不是我老妈的错。"

方笑薇嗔怪地看了她一眼,示意她不要这么快嘴。陈乐忧说:"老妈,我跟小武谁跟谁啊?我是他姐,他有了错我还有教训他的权力呢,老爸说的。"

方笑薇瞪了她一眼:"你老爸就会教你这些没用的。"

陈乐忧也不答话,只跟小武说:"待会儿他们还会送个蛋糕来。这个蛋糕可是我送你的哦,你要好好感谢我,我花了半个月的零花钱才买来的。"

小武听了就问:"你订的是不是黑森林蛋糕?"

陈乐忧一拍他的肩膀,说:"你怎么知道?小武,你太聪明了!"

小武撇了撇嘴说:"我怎么不知道?用脚指头想也知道,那是你最喜欢吃的,你上次带我出去说要请我客,吃的就是这个,上面的巧克力多死了,吃得我上火差点流鼻血,结果你吃得比谁都多……"

陈乐忧赶紧一把捂住他的嘴,方笑薇听了也笑:"这是个当姐姐的样子吗?你说要订这个黑森林蛋糕,我还真以为这蛋糕也是小武喜欢吃的呢。"

陈乐忧说:"反正小武不喜欢吃蛋糕,什么口味对他来说都一样。还不如就订个我爱吃的呢,也省得浪费。"

三个人正在说说笑笑,蛋糕也送到了,陈乐忧签了单子,忽然看了一眼墙上的挂钟说:"老爸怎么还不来?妈你没忘了通知他到这个饭店来吧?"

方笑薇淡淡地说:"我怎么会忘,只怕是他忘了。"

陈乐忧掏出手机开始快速地摁键,一边拨号一边说:"老爸怎么回事?关键时刻掉链子。都这点了还不来。"

正拨着号呢,包间的门就被推开了,陈克明大步走了进来,一边走一边大声地说:"对不起,对不起,刚才有个会开得时间长了点,加上路上堵车就来晚了。"

正说着呢,他也看见了桌上的蛋糕,就问,"今天是谁过生日?好像不是我自己,那是忧忧的?不对,忧忧六月已经过了,那忧忧妈……"

陈乐忧不满地打断了他:"老爸,你真差劲!你连我们的生日都记不住!还不如妈妈呢!今天是小武过生日!既不是我,也不是我妈!"

陈克明只好呵呵笑着表示自己太忙了,方笑薇不插话,小武也不说话,陈乐忧又想起什么似的说:"老爸,你最近表现很不好啊,神出鬼没的,我每礼拜才回来一天,连这一天都见不着你,要不是给你打电话,你都不记得有我这女儿了!咱家公司有那么忙吗?连礼拜天都不休息呀?还有啊,我妈最近脸色不好,你也不关心关心我妈,就知道忙公司的事!"

陈克明看了方笑薇一眼,方笑薇没有任何表示,他只得敷衍道:"我知道了,以后一定改正啊!让我看看都点了些什么菜了?"一边说着一边拿过菜单来看。

陈乐忧还想再说什么,方笑薇已经打断了她:"忧忧,别再折磨你爸了,我很好,没什么事,你爸忙就让他忙吧,我自己能照顾好自己。最近可能是有点失眠睡不着觉,所以脸色才会不好。吃点药,锻炼一下身体,休息休息就没事了。"

陈乐忧这才不说什么了,陈克明暗暗松了一口气,心里很感激方笑薇。刚才他真怕女儿会提些要求,更怕方笑薇会借题发挥,逼他答应女儿的要求。还好,方笑薇一向是识大体的,从来不会为难人,还阻止了女儿接下来可能要说的话。陈克明知道,女儿是个冰雪聪明的孩子,尽管她一周只回来一天,但她也恐怕从家里的蛛丝马迹中探到了父母失和的迹象。虽然方笑薇和他都在极力隐瞒这迹象,但夫妻间的冷淡和生疏是遮掩不住的。陈乐忧也许在想凭自己的力量来弥补这裂痕,但无论如何,这件事女儿是完成不了的了。

幸福成灰的感觉

这一天和以往的任何一天并没有不同。

早饭过后方笑薇照例去超市采购一些日常的生活用品,然后才去健身。健身归来后,方笑薇顺手打开了门口的信箱,如往常一样,里面又被各种垃圾邮件和小广告塞满了。她进了门开始分拣重要的信件,无意中看到一张印刷精美的深蓝色硬纸卡,大约 A4 纸那么大,封面是几行大字:

"时间不能改变一切:它只会让事情演变更为恶化,让您失去的更多而已!

沉默、忍耐、逃避:它也只会加深您内心痛苦的煎熬而已!

唯有勇敢地去面对一切,您的问题才可以获得解决。"

这几行莫名其妙的字下面是公司的电话和网址。方笑薇翻来覆去地看了又看,不知道这是为什么东西做的广告,像心理咨询或心灵热线之类的。仔细看看公司的名字和 logo,她才恍然大悟,这不就是港剧里面常有的私人侦探社吗?她好奇地打开卡片,好家伙,他们提供的服务简直五花八门,还列了收费标准,实行了明码标价,大的有调查动产和不动产、外遇等,小的有调查行踪、提供电话清单等,甚至还包括替人捉奸。最搞笑的是,他们还体贴周到地为遭遇出轨的丈夫或妻子设了"感情挽回"这一项,收费高达十万。

方笑薇倒要看看他们是怎么个挽回法，而且还是在三十天之内。她试着给卡片上的电话打过去，那边果然有人接，听声音像是广东深圳等沿海城市来的人。她假装对他们的"感情挽回"感兴趣，想咨询一下他们具体是怎么操作的。

对方倒是很爽快地答应了，操着不太熟练的普通话说："是这样的啦，本公司将会依实际情况，配合适当的人、事、时、地、物，由资深且有丰富经验的专业人士来设计精密的方案，干净利落地处理好每一个细节，一定会帮你顺利而且自然地排除第三者。打个比方啦，我们会在适当的时候制造你丈夫和第三者的矛盾冲突，安排第四者来介入破坏他们的感情啦，等等这些。太太你如果现在预定，我们还可以给你打八折，你付八万就可以了，我们保证三十天之内见效。你现在需要这项服务吗？还有，我们也可以代为捉奸啦，不过那个收费要高一点，我们操作起来有风险，所以不能低于十五万啦。"

方笑薇放下电话暗骂自己无聊，居然堕落到如同街边无知妇孺一样的地步了，还去打电话打听细节。转念一想，这也算是外遇和出轨催生出的新兴行业吧，没想到他们倒走在了前列，各项难于启齿的隐私都被他们明码标价了，而且收费还不低。想到要捉个奸居然要十五万，"感情挽回"这么不靠谱的事他们居然也有章可循，她真是不知道该哭还是该笑。

方笑薇想，虽然这个什么什么征信社看起来不靠谱，但他们广告上的那几句话算是说到方笑薇的心里去了，"时间不能改变一切：它只会让事情演变更为恶化，让您失去的更多而已！沉默、忍耐、逃避：它也只会加深您内心痛苦的煎熬而已！唯有勇敢地去面对一切，您的问题才可以获得解决。"是的，方笑薇失去的已经够多的了，她已经退到无路可退了，除了背水一战，她不知道还有什么更好的办法。

晚上，陈克明又是天色很晚还没有回家，方笑薇仿佛已经习惯了。对于前几天方笑薇把他的东西搬出卧室，他只看了她一眼就没有再说什么。多年的夫妻让他知道，当方笑薇说"不"的时候，就绝对表示她是认真的，没有可商量的余地。

陈克明白天上班的时候，连续接到好几个短信，但没有一个是他希望的那个人发来的。回到家里，他也想和方笑薇好好谈谈，但方笑薇看他的眼神复杂得很，是那种冷静的、洞悉一切的眼神，他有些心虚，不敢去面对。

陈克明走出公司回家的时候，外面已经是华灯初上流光溢彩了。他突然记起，今天是他们结婚十八周年纪念日。往年的这个日子，他们都是一起过的，或者是一起看场电影，或者是在五星级饭店共度一晚上，而且，每年的结婚纪念日，他都会送方笑薇一份礼物。他不会别的浪漫，写不了肉麻的情书或诗，所有他能送的礼物就是沉甸甸的首饰，一年比一年精美，一年比一年昂贵。尽管方笑薇很少戴这些首饰，但陈克明知道，她在收下礼物的时候是真心高兴的，他喜欢用钱来表达他的爱，而她也习惯了他的表达方式。

这是只属于他们俩的一个节日，连女儿陈乐忧都没有份。每到这个日子，陈乐忧就要被送到外婆家，不管她怎么嫉妒，怎么抗议都没有用，他们俩在结婚前就商量好了，这个日子永远只属于他们两个人。

陈克明在等红灯的时候顺手点了一根烟，好久没有抽烟了，刚一抽上嘴里居然有股苦味，他不管不顾地接着抽下去，眼睛平视着前方，思绪已经飞得老远。往年都是早早地就准备好礼物，定好节目，而今天他没有作任何准备，因为他差点就把这个日子忘掉了，不知道现在去买礼物还来不来得及。

正在胡思乱想间，身后已经响起了此起彼伏的喇叭声，他猛然惊醒，看看红灯早已过去，身旁的车辆川流不息，才慌忙发动车子，他知道，身后一定骂声一片。

陈克明回到家已经是九点多了，晚饭时间早已过去，他饥肠辘辘。他看到外面小区灯火通明，家里却光线昏暗，不知道发生了什么事，赶快三步并作两步走到门廊，推开门，却看到方笑薇穿戴整齐，化了淡淡的妆，坐在烛光摇曳的餐桌旁，桌子上是一瓶红酒和几个精心准备的菜，全是陈克明平时爱吃的。

菜已经冰凉，在屋子里散发出冷冷的食物的香气。原来，她也没有忘记今天。

陈克明知道，这些菜全都是看着平常，做起来格外费劲的东西，做一个蟹粉狮子头，光是蟹粉就要花两个钟头来剥，里面的荸荠也要一个一个削皮切成碎丁子。方笑薇是个完美主义者,她不会用超市速成的调料,这些菜没有一下午的工夫是做不出来的。

看到陈克明回来,方笑薇突然起身往楼上走。陈克明几步上前,把她抱住:"对不起,薇薇,对不起,我不知道你在等我。我以为你已经不把我放在心上了,我以为你准备一辈子都不理我了。我知道我做了很多错事,我可以失去所有东西,但我不能没有你。"

方笑薇似乎听进去了,身体不再僵立不动,陈克明又补上一句:"我今天一整天都没顾得上吃饭。"

男人往往在有些时候稚气得像个孩子,方笑薇无奈地停了一会儿,回头说:"饿了吧?我去给你把菜热一热。"

陈克明满心欢喜地跟在她后面,把这些盘盘碟碟往厨房运,轮流在微波炉里加热。夫妻两人一时没有说话,气氛有些尴尬。对于他们之前争吵的话题,陈克明明智地选择了回避,方笑薇也没有提起。但两人心中都明白,这个敏感的话题不可能永远不提,它始终存在,如同火药桶,只要条件适宜天干物燥就要爆炸。

正在热菜的方笑薇只觉得脖子上一凉,低头一看,原来是陈克明给她戴上了一条 Tiffany 的项链,看看吊坠上的那颗硕大的黑珍珠就知道所费不菲。她抬头,对上陈克明的目光,陈克明说:"不管发生什么事,你在我心里始终是最重要的。"

方笑薇低下头,心里在玩味:"到底还是有事啊。果然给自己预留了退路。"她又看了陈克明一眼,陈克明目光坚定不躲闪,方笑薇叹气,现在何必一定要认真追究质问到底让人扫兴呢?

两人就着二次热过的饭菜重新开始,陈克明到底是饿坏了,吃起来有点狼吞虎咽,方笑薇一边吃一边想,有多少日子没有像今天这样一起吃过一顿家常饭了?原来天天守在一起不觉得有什么,真正分开了,才知道原先柴米油盐的日子有多可贵。

愉快的气氛并没有持续太久,快要吃完的时候,陈克明的电话响了。他拿起来一看,脸色顿时有点紧张,抬头看了方笑薇一眼,发现她正专注地看着他,他心中一紧,实在不想在这个时候再节外生枝,可是电话断了又响,他只得接听。

电话是丁兰希打来的,她的儿子刚刚在家附近被车撞了,肇事者还驾车逃逸了,只有一个好心的目击者记下了车牌号。她现在六神无主,不知该怎么办。

陈克明放下电话,犹豫再三才对方笑薇说:"薇薇,对不起,我要出去一下。"

面对方笑薇了然的目光,陈克明想解释,却发现无从谈起,他顿了一下,还是拿起包,毅然决然地走了。

方笑薇有种苦心经营却一切成空的感觉,身后远远地响起不知是谁家播放的一首歌曲:"……感觉到幸福正把你围绕,看得出昨晚做梦拼命在傻笑,看着你和她爱到无可救药,我嘴角在微笑眼眶却在发烧……"

节奏明快却伤感,方笑薇听着听着,一下子泪流满面。

(注:歌词来自张靓颖《个人秘密》)

时间的魔力

　　"你的气色很憔悴，最近发生了什么事吗？"冯绮玉一边用勺子搅动咖啡一边问。方笑薇看她似乎总是一副气定神闲的样子，有些羡慕，更多的是一种欣赏。

　　"我可能一辈子也不可能做到像你这样举重若轻。"方笑薇轻轻地说，眼神有些迷蒙。例会已结束，八卦时间也过去了，周围的人已经准备离去。

　　冯绮玉停下手中的动作，认真地说："为什么不可能？已经有好几个太太跟我打听你的来历了，她们很欣赏你。你有一种让人安定的气质，你也一样从容淡定，这是岁月给女人最好的礼物。"

　　方笑薇苦笑："我宁愿岁月不给我这份礼物，如果时光能倒流，我宁愿率性随意地过一回，也好过现在这样进又不能进，退又无可立足之地的局面。"

　　冯绮玉别有深意地看了她一眼："为情所困？这是女人的通病，不是你一个人才会遇到，你大可不必作出此种扭捏之态。"

　　方笑薇被她看得不好意思，只好一笑："到底被你看穿，看来我还是修炼得不够。"

　　冯绮玉笑："在这里的女人哪一个不是这样？年轻时少不经事，对婚姻抱有太多的幻想。有的付出了自己的青春，有的牺牲了事业，当男人们功成名就之后，却发现现实早已背离了希望，婚姻的承诺换来的是现实的背叛，那么，那个躲在婚姻背后哭泣的女人，由谁来拯救？"

冯绮玉只不过平平淡淡地说着，却字字有骨，话里有话。方笑薇抬头对上冯绮玉闪闪发亮的眼神："所以，你就开了这家俱乐部来拯救女人？"

"不！你错了，我从来就不是什么救世主，能拯救女人的还是只有女人自己。"冯绮玉说。

方笑薇轻点了一下头，这个她早就知道了，现在问出来只不过是求证一下而已，如果有谁真的认为自己是万能的上帝，那么他不是尼采就是疯子，而且尼采最后还变成了疯子。

"你看过《原配夫人俱乐部》这部电影吗？"冯绮玉忽然问道，看到方笑薇点头，冯绮玉才说下去，"四个大学里最要好的伙伴毕业以后各自有了自己的生活，人到中年却都已经成为婚姻的牺牲品。而她们中的一个，名叫辛西娅的，大学毕业以后嫁给了一个穷小子，凭借着自家的财力和对丈夫的信任与帮助，辛西娅的丈夫成了华尔街银行业巨子。但是，事业上的成功却预示着他们婚姻的危机，辛西娅的丈夫另有新欢，将辛西娅弃之如敝屣。伤心的辛西娅整日借酒消愁，分别给大学时代的好友写下了临死前的告别信后，从自己的公寓坠楼而亡。而我，就曾经是辛西娅的真人版再现。只不过，我在自杀前一刻想到了我的女儿，而勇气顿失没有死成。"

方笑薇再次感到震惊，她一直以为冯绮玉是那种把一切掌握在手中，要风得风要雨得雨的人。

"这是什么时候的事？"方笑薇问。

"五年前。在这之前，我们互相纠缠，彼此伤害，已经无可挽回。他说那是他的真爱，其实我们也是从热恋开始的，只不过，幸福敌不过时间的魔力，我们最后还是草草以离婚收场。"

方笑薇默然了一会儿，像叙述一个别人的故事一样把自己最隐秘的心事说了出来。像童话里说的那样，一个人守着一个秘密太久已经变成了一种负担，她不堪重负,也想找一个树洞来倾诉。

冯绮玉认真地听着,没有打断她的叙述,也没有中间问她任何问题,等她把一切都说完了,她才说:"也许你一开始就把方向搞错了。"

"什么意思?"方笑薇不解地问。

"你不应该一开始就追问你的丈夫到底有没有出轨,以及出轨的对象是不是他的初恋女友,等等。因为你有种先入为主的印象,仅凭几张照片、几个暧昧短信和一次的偶尔不归宿就认定你的丈夫有不可告人的秘密,这是不对的。"冯绮玉的眼光向来独特,方笑薇不由得半信半疑:"那什么是对的?"

"我倒觉得,事情没有那么简单。你应该首先搞清楚,这些照片是谁给你寄来的,他或她为什么要给你寄照片?不要告诉我,这个世界上还有这样的好心人,仅仅是因为看不惯丈夫花天酒地就给妻子寄个证据。丈夫出轨,妻子永远是最后一个知道的。"冯绮玉客观地分析道。

看方笑薇陷入回忆,冯绮玉又加上一句:"除非,他另有目的。"

"可是,那三条短信分明是她发来的,我已经查证过了。开通这种全球通号码要身份证,而身份证总不可能有假吧?"

冯绮玉说:"你大概知道,在咱们中国,还有造假证这一行当吧?为什么不可能是有人造了假的身份证去开通一个号码呢?"

方笑薇瞬间如同被惊雷击中。如果真像冯绮玉所说,是有人造了假的身份证来办手机,只为了设下一个巨大的陷阱来对付自己或陈克明,那这个人得有多可怕?

"所以,你的眼光不应该只盯着你的丈夫不放,试试去观察他身边的人,也许会有意外的收获。"冯绮玉说。

方笑薇若有所思地点头,冯绮玉突然说:"你有没有想过出来工作?你这样窝在家里做个面目模糊的主妇太可惜了。"

方笑薇苦笑:"出来工作?我自己家里有公司,我还能到哪里工作?"

冯绮玉责备她:"你这样想就是错的,就算找点事做打发时间也是好的。做主妇做久了,一切都是按部就班地进行,一点变化都没有,生活的激情会消磨殆尽。我是过来人，我最清楚这其中的滋味，你不要重蹈我的覆辙。我有个朋友是证券公司的老总，不如我介绍你到他的公司去上班？"

方笑薇没有答应，冯绮玉也不劝说，只说："你不必急着答复我，这个 offer 直到这个月底都有效。你可以仔细考虑以后再跟我联系。笑薇，机会来了就要好好把握，不然，永远都是为打翻的牛奶而哭泣。"说完，冯绮玉顺便看了看四周，又说，"人都走光了，咱们也该走了，今天是周五，晚了上环路会堵车。"

方笑薇才猛然记起今天又是陈乐忧回家的日子，连忙也随了冯绮玉一起往外走。

回到家里时间倒是还早，家里静悄悄的，小夏去了菜市场，小武也出去了，按照陈乐忧的吩咐，他每天要出去滑一小时旱冰。

方笑薇坐在露台上，自己给自己找事干。先找出上回冯绮玉送她的上好的咖啡豆开始研磨，然后再煮，还没有盛上来就已经香气四溢，香浓的味道飘满了露台的每个角落。她一边喝咖啡，一边随手给自己找了本书看。

原本只是消遣和打发时间，但方笑薇翻了几页就停不下去了，放下咖啡开始认真地读起来。这是最近比较热的一本翻译小说《时间旅行者的妻子》。亨利是一个穿梭在时间中的人，每一次突然来临的时空转移会把他带到过去或是将来，短暂停留之后，他又会迅速回到生命的主线，如同做着时间旅行一样。当他的妻子克莱尔还是个小姑娘的时候，亨利从几十年后的未来赶来，为了让这份感情根深蒂固、坚如磐石，这个亨利会耐心地陪着她长大，参与她的第一次约会、第一次做爱、第一次被人欺负。如同栽培一株珍稀花卉，从播种时就开始百般呵护。直到有一天，时间主线上的那个亨利正式出现，他们宛如第一次见面，她却已对他深爱已久。

方笑薇花了整整三个小时才把这本书读完，合上最后一页，她在想，如果有另外一个你，可以旁观自己的人生，甚至参与其中，那你对正在经历的悲欢离合又会是另一种心态吧。

"如何可以学习它，在所有的事发生时从容地抽身而出，当作只是在看一场旷日持久的表演？一切的欣喜怨慝激动伤痛与不可自持都骤然褪色，像被树脂包裹的昆虫，瞬间铸定为琥珀的命运。"只可惜，她做不了时间的旅行者，对正在发生的一切都没有办法旁观。

请你帮帮我

　　平平淡淡的一周又过去了。方笑薇在犹豫，也在反复考虑冯绮玉的提议。现在的她真是和以前不一样了，时间显得格外富余，而她则越来越空闲，甚至空虚，再没有以前那种精力旺盛地忙这忙那的劲头了。还有什么可忙的呢？女儿住校了，父母一切都好，丈夫不需要自己关心，那自己人生的意义在哪里呢？

　　正在胡思乱想间，她的手机突然响了，她拿起手机一看是个陌生的号码，按下接听键以后听到的更是一个陌生的声音，她"喂"了一声，对方又没了声响，方笑薇觉得奇怪，以为是谁打错了电话正准备挂断，那边传来一个试探性的声音："请问，您是陈乐忧的妈妈吗？"

　　方笑薇心里万分紧张，上次她接到这种陌生的电话，是人家告诉她忧忧出了车祸，这一次又是什么事呢？难道她才寄宿不到一个礼拜就出了什么意外？可要有事也应该是苏老师来通知她啊，没理由是一个陌生人来告诉她。她定了定神，深吸了一口气才说："我是，请问您是哪位？"

　　那个声音还有点焦急："真不好意思，我是您孩子一个同学的家长，找您有点急事，您现在方便吗？咱们见见面行吗？"

　　方笑薇心里的疑惑更深了，好不容易才搞清对方的身份，反倒更糊涂了：

"您有事应该找老师啊,找我干什么呢?"

对方的声音显得很坚决:"请您一定要和我见一面好吗?我不会耽误您太多的时间,而且我也不是骗子,我是真的有事。在电话里不方便说,咱们约个地方见见面好吗?"

方笑薇迟疑了半刻还是答应了,开着车来到和对方约定的一家茶馆,看见一个和她年纪相仿的女人正在门口张望,身上穿的正是她在电话里说的深蓝色的套装,看起来像刚从办公室出来。方笑薇认得她身上的这种蓝色,这是有名的"证券蓝",颜色很特别,方笑薇初步判定她的工作单位一定跟银行或证券业相关。

方笑薇下了车朝那个女人走去。不知是不是心有灵犀,那个女人一回头就看见了方笑薇,然后脸上露出惊喜的表情,方笑薇知道她一定见过自己。不过她无暇细想她是怎么知道自己的电话号码的,赶快了解到底发生了什么事才是最主要的。

趁着女招待泡茶的工夫,方笑薇开门见山地问她到底有什么事,她没时间和一个陌生人言谈甚欢。

那个女人有点羞愧地说:"我要说我是谁,您可能都不认识,而且我的工作很忙,请假很困难,但我实在是不能不管了。我来找你,我的孩子也不知道,他要是知道了非得跟我闹翻天不可。我的先生也不赞成我来找你,觉得我是杞人忧天,可是作为一个母亲,我相信您能理解我的心情。哦,忘了说了,我是江骥的妈妈。"

方笑薇没听说过这名字,表情疑惑,她所认识的陈乐忧的同学就只有关颖一个,其他的男生女生来来往往,她真的没有留心过。不过,她隐约有些明白这江骥是谁了,一定是每天和陈乐忧一起上学放学的那个身材高大的男生,她也顿时有些明白了江骥母亲的来意。

她望着江骥的母亲,试探地问:"您想告诉我什么?"

江骥的母亲难堪地说:"江骥一向是个令人放心的好孩子,我从来对他就是放手不管的,孩子自己也争气,学习成绩也总是在年级前十名之内,可是几个星期前，他突然食欲不振，随后就开始嗓子疼、发烧，我陪着孩子去医院看了医生，结果没什么大碍，仅仅是上火而已，我也没多想，让医生开了点药就回家了。可是从这以后就总是不断上火，最后有个老中医告诉我这孩子恐怕是心理压力过大导致的。高三学习紧张是不错，但我觉得还不至于焦虑到这种地步，左观察右观察才发现，他好像是有心事了。"

江骥母亲在闪烁其词，但方笑薇还是迅速地就了解了情况，这个母亲的话也证实了她心中一些隐约的猜测，不过她没想到事情的发展果然如同女儿的预料，又有点感慨女儿的未卜先知，半天才令人玩味地说了一句："所以你就认定这一切的导火索是我的女儿？"

江骥的母亲表情更加慌乱，连忙摆手："不，不，我不是这个意思。我知道青春期的孩子出现这种情况很正常，我也从来没有要怪任何人的意思，不管怎样，孩子已经高三了，还有几个月就要高考了，他现在总是烦躁不安又郁郁寡欢，我想给他缓解一下心理压力可我不知道怎么办，我也很着急。现在他的情绪也感染了我，搞得我上班也总是心神不宁。我想同是母亲，又遇到同样的情况，也许我们能商量出点什么。"

方笑薇还不知道女儿到底是怎么想的，但她知道，聪明伶俐、气质不凡、又能歌擅舞的女孩是情芽萌动的男孩子怎么也无法抵挡的。而且青春期的男孩子总是比女孩子更不容易克制自己的情感。这个江骥肯定是心理压力过大，无法坦然面对自己的父母。

方笑薇正在沉思，一抬头看见江骥的母亲充满期待的目光，心里感慨真是可怜天下父母心啊。她沉吟了一会儿，又斟酌了一下用词，对江骥的母亲说："我还没有看到陈乐忧有什么异样，因此还不能就随便指责他们'早恋'啦，影响学习啦，丢脸啦之类的，也许您可以找孩子谈谈，把这件事说开了，告诉他这没有什么大不了的，不必这么害怕自责担忧，疏导他一下，然后再告诉他，相信他能自己处理好这件事。我想，您开诚布公地跟他这么一说，他会明白的。大惊小怪、严加看管、指责奚落都没有用，只会适得其反。我也找机会问问我的女儿看到底发生了什么事，然后让她适当地避嫌，你看这样行吗？"

江骥的母亲点点头，方笑薇又补充了一句："不过，我可以保证，我的女儿不会给他任何积极的暗示让他产生误会。所以，您在谈的时候也请注意保护孩子的自尊心，好吗？他们都是很优秀的孩子，而优秀的人同时也很骄傲，所以请您不要伤害他的自尊心，好吗？"

　　看着江骥母亲匆匆离去的背影，方笑薇陷入沉思，她不知道自己的这番话对这个焦虑的母亲能有多大帮助，但从她找自己谈而不是找老师谈就可以知道，她把自己当成了一个可信任的人，一个同盟者。方笑薇想，今天是周末，也许等女儿今天回家，她也要好好跟女儿说说心里话，方笑薇不相信以女儿的聪明，她会猜不到江骥喜欢她，可是猜到了又能怎么办呢？方笑薇不知道女儿到底是怎么想的，又是怎么做的。也许女儿到底还是有自己的小秘密，母亲再跟她亲密无间，她也有不想说的时候。

　　方笑薇回到家的时候，陈乐忧已经回来了，在她的房间里听音乐，看到她从外面回来，陈乐忧撅着嘴抱怨不知道她上哪里去了，爸爸也不在家，妈妈也不在家，小武也不在家，刚刚才回来。

　　方笑薇边听边快速地换鞋，进厨房洗手，然后点火倒油开始炒菜，听到小武那一节才有点上心了，连忙问道："小武哪去了？"

　　"我哪知道？这孩子也不知道受什么刺激了，回来后，我跟他说半天话，他也不搭理我。"陈乐忧嘟嘟囔囔。

　　方笑薇心里知道是怎么回事却不说破，只说让女儿多关心一下小武，问问他心里的想法什么的，不要总是教训他。

　　陈乐忧不服气地说："我哪有总是教训他，我那是爱护他。妈，你放心，以后由我来罩着他。"

　　方笑薇百忙中还回头看了她一眼："你连你自己都还要妈妈操心，你还能管好别人？"

　　陈乐忧嚷嚷起来："在哪？在哪？说出来咱们听听，有则改之，无则加勉。"

　　方笑薇已经手脚麻利地炒好一盘菜，关了火盛到盘子里，才说："忧忧，你跟我说说，你跟那个江骥是怎么回事？"

陈乐忧一听，马上叫起来："能有什么事，不就是普通朋友吗？聊聊天，练练琴而已。妈妈！你现在越来越大惊小怪了啊？有把自己等同于庸俗家长之列的倾向啊。"

方笑薇伸手打了她的头一下："别跟我打马虎眼，说正经的。今天江骥的妈妈来找过我了——你先不要激动，先听我说。她妈妈没有找我什么麻烦，只是说了说她的为难。同样是做父母的，我理解她的难处。我也相信你能把握好分寸，可是这件事有点麻烦，感情的事是双方的，不是你说没问题，别人就能配合你也什么都不想的。你要想好，你们真的没有问题吗？"

陈乐忧低下头，脸色飞红，半天才说："妈妈，我一直都知道他喜欢我，但我从来没有误导过他，也没有做过任何的承诺，好几次我知道他想对我表白，但被我用别的话岔开了。我一直把他当作一个普通朋友，我不想伤害他，他是个很优秀很骄傲的人。"

说话间，方笑薇已经把菜都炒好了，和陈乐忧一起端到桌子上去，然后说："忧忧，逃避不是办法，跟他索性谈开，要他一切等高考完了以后再说，然后保持适度的距离。如果他真的那么优秀，如果你也有一点喜欢他，以后你们可以继续交往，但现在不行，这个孩子明显已经走火入魔了。"

方笑薇说话向来是点到为止的，看陈乐忧脸色已经恢复正常，她知道女儿已经听进去了，就不打算再说下去了，叫小武出来一起吃饭。

方笑薇算是放下了一半心，说起来，这件事既是为江骥的妈妈，也是为她自己。谁敢担保时间一长，痴情的少年会作出什么不可思议的举动来？谁敢担保女儿会不会被他感动而轻易作出什么不切实际的承诺来？方笑薇也曾经年轻过，也曾经朦朦胧胧地暗恋过，知道这其中滋味的。她不想惊动老师，因为大部分的老师对孩子们所谓的"早恋"持一种本能的仇视态度，看待情窦初开的孩子就像看见恐龙一样大惊小怪，她要保护她的女儿。

人生有如做戏

田辛自杀了。

等方笑薇获悉这个惊人的消息时,事情已经过去两天了,田辛已经被人及时发现送到医院抢救过来了。

方笑薇匆匆赶到医院时,田辛正一个人静静地躺在床上,脸色苍白。看到方笑薇进来,田辛一边挣扎着要坐起来,一边苦笑:"让你看笑话了。"

方笑薇把她按下,让她继续躺着:"你这是何苦?洗胃并不是那么好受的。"

田辛点点头:"是啊,本以为吃安眠药痛苦小点,没想到抢救过程这么痛苦,比死还难受。"

方笑薇说:"何必惩罚自己,便宜他人?说不定有人巴不得你死,你死了正好腾出位子来。"

田辛看着方笑薇:"我知道,我这一自杀,多的是人看笑话,他们会说,看,那个母老虎田辛厉害了半辈子,到底还是没能管住她老公。原本以为是顾家的好男人,没想到却是好色无耻的浑蛋,一想到他那个外遇的对象,年龄小了他一倍不止,我就受不了。我根本不是要报复谁,我是彻底绝望了,自己过不了自己这一关。"

"看你平时大大咧咧的，以为你不会在乎这些，谁知你比谁都在乎。"方笑薇尽量放松地跟她闲聊开解她。

"当年我们认识的时候，我已经是文职副连，他还只是一个志愿兵，连个士官都不是。我爸根本不同意我们交往，大发雷霆，我哥我姐我妈轮流劝我，好话坏话说了无数，嘴皮子都磨破了也不管用，我到底还是和他结婚了。结了婚，我爸整整三年没有和我说过一句话。我为了他，早早地就脱下军装转业了，等他熬到正团到年头升不上去了，我又托人找关系求我爸，让他转业把他弄到了地税局……我所做的一切都是为了他，结果他回报我的却是背叛。哈，老房子着火，烧得更厉害。"田辛苦笑着说。

方笑薇安抚她："想开点，男人不过就是那么回事。"

"是啊，想开了什么事都没有。你放心，我是死过一次的人了，现在已经什么都想开了。"田辛自我解嘲。方笑薇点点头，又问："老于呢？出了这么大的事怎么连个人影子都不见？"

田辛"哼"了一声："他还敢出现？我哥早放出话来见面就要打断他一条腿。他躲还来不及呢，还敢自己来送死？"

方笑薇不再问了，看到田辛似乎心情好点了，才说："我也不劝了，大道理你比谁都明白，别再做傻事了，谁离了谁不能活呀？我现在才真正佩服你，拿得起放得下，以前倒小看了你。"

田辛嗤笑："是，我是胖，但我并不蠢。聪明人都有七窍玲珑心我也一样有，说不定我还多一窍，经了这一事更长了记性。我没事了，你回去吧，等我出院了，咱们再好好聚聚。"

方笑薇点头，叮嘱道："等你好了咱们再见面吧。"田辛下巴微微上扬，示意她离开。

方笑薇拿起自己的手袋，走出了住院部，门诊大厅的电视里张惠妹正神情冷漠而骄傲地唱道："……爱情不过是一种普通的玩意儿，一点也不稀奇，男人不过是一件消遣的东西，有什么了不起，什么叫情，什么叫意，还不是自己骗自己，什么叫痴，什么叫迷，简直是男的女的在做戏……"

方笑薇一边听一边想,真应该让田辛出来听听这个,随即又转念一想,谁比谁傻呀?田辛未必就不明白道理,只是事到临头轮到自己她还是受不了而已。

　　正快步地走着,她手袋里的手机突然响起来。她拿起手机一看,原来是陈克明的电话,问她今晚有没有空,能不能和他一起参加老王的开业庆典酬宾酒会。方笑薇听了半晌,说了声"好",陈克明见她答应了就告诉她时间和地点,然后约好了时间来接她。

　　方笑薇没法不答应。老王是潮州人,二十多年前来北京发展,连路边小旅馆都住不起,那时他就发誓,有朝一日发达了,一定要造大酒店,至少要四星级以上。方笑薇也知道他这个酒店情结,因为他不止一次地在聚会上提起过他的这个设想。这家大酒店老王筹划了五年,从施工到开业又用掉了三年,整整八年的时间,抗战都胜利了。今晚就是老王庆祝"抗战"胜利的好日子,老王又是她和陈克明共同的朋友,她不能不给他这个面子。

　　方笑薇急匆匆地从美容院出来,带着盘好的头发和化好的妆,今天的效果简直糟透了,方笑薇一向用惯的那个美容师今天请假了,新换的这一个手法不熟练,盘个头就用了两个小时,头发被她揪得掉了十几根,弄得她坐在椅子上打瞌睡时不时被疼醒。化个妆不是浓了就是淡了,方笑薇心里有气又不便发作,还得安慰那个惊慌失措的美容师,免得她更手足无措,直接把腮红画到眼睛上去。

　　这样来来回回一折腾,梳妆打扮就用掉了三个多小时。方笑薇回到家,刚换好衣服,还来不及喘口气,陈克明的电话就到了,他已经在楼下等了。方笑薇急匆匆地拿起手包下楼去。

　　老王的酒会在他新开张的酒店的大堂里举行,照例是衣香缬影,客似云来。方笑薇挽着陈克明一同踏进老王的酒店不禁感到万分的别扭,明明是两个冷战了十几天的人,却还要在外人面前做出一副恩爱夫妻的样子,真是要多荒谬有多荒谬。可是这个世界就是这样,荒谬的事情每天都在不停地上演,方笑薇和陈克明也成了其中的主角了。

　　老王是今天的绝对主角,他和胖胖的王太太一起被一堆人围着,大家不外乎是夸奖他有魄力、大手笔,恭贺他终于心想事成,顺便也夸奖老王太太几句,说她富态有旺夫相之类的,喜得老王满脸放光,王太太也心花怒放。

方笑薇和陈克明匆匆地进去,和老王打了招呼,说了几句应景的话,看老王实在脱不开身就让老王自便。多年的老朋友也不在这一时,老王说了几句话,又夸奖方笑薇越来越漂亮了,然后就匆匆忙忙招呼客人去了。

陈克明看见了几个生意场上的老朋友,低下头跟方笑薇耳语几句,方笑薇侧着身子避过去,然后才说:"你忙你的去吧,我也有几个老朋友要见一见。"陈克明脸色不悦,无奈地离去。

方笑薇自己走到自助食物区去拿了餐盘,取了自己爱吃的一些点心,又从来来往往的服务生的托盘里取了一杯香槟,按说这种场合,食物不是主题,应酬才是王道,可是方笑薇一下午都在做美容,被那个白痴的美容师折腾得连吃饭的时间都没有了,早饿得没了力气,如果不吃些东西,她怀疑她的双腿待会儿还能不能站得笔直。

吃了一点东西,方笑薇感觉才好点,她端着她的香槟去找王太太她们,刚刚在门口见到了只简短地打了个招呼就散了,现在自然要好好聊聊,联络一番感情。女人的感情都是靠聊出来的,长时间不见面、不聊天,再好的感情也会淡。

王太太看到她自然是高兴的,难得有认识的人主动来和自己聊,那自然是再好不过的事情,她又介绍了几个新近加入她们圈子的太太给方笑薇认识,于是大家聊得很热络。方笑薇看场上有一个年轻的女人满场飞舞,笑靥如花的样子,似乎很面熟,仔细看看又不认识,于是问王太太:"她是谁?我怎么好像没见过?"

王太太顺着她手指的方向看去,看了一眼,脸就沉了下来:"哼,她呀,别理她,一个交际花而已。"

方笑薇知道王太太这样说必有内情,她不再问,免得王太太不悦,反正待会儿自然有嘴快的人告诉她。

不一会儿,舞会开始了,老王匆匆忙忙过来把王太太叫走了,大概又来了什么重要人物,需要夫妻双方一同出面接待。于是,王太太招呼了一声就走了。看到王太太走远了,方笑薇正准备也去找找陈克明,她旁边的梁太太已经在故作神秘地问了："笑薇，你知道刚才那女人是谁？为什么王太太不让说吗？"

方笑薇回头反问："是谁？"

"她是老王公司的公关部经理，听说跟了老王两年了。长得倒还行，就是行事过分嚣张，最近还听说去对王太太逼宫去了，王太太恨她恨得牙痒痒的。"梁太太一向消息灵通，是各种八卦新闻的源头和接收站。

方笑薇听了点点头："怪不得王太太不愿意提她，原来还有这一出，看她这样子也不像个安分的主儿。"

梁太太点头称是："不是个省油的灯，不过，她再怎么厉害也没用，老王不会离婚娶她的。你看，老王闹绯闻来来回回换了多少个人了，他提过一次离婚没有？王太太再怎么没用，也是这个家堂堂正正的女主人，这种场合，要接待贵宾，还是只有元配。什么二奶，什么小三，统统都见不得光。要见光也只能像她似的，当个交际花。看她那样子还挺得意，其实别人心里还不知道怎么笑话她呢！"

方笑薇听了奇怪："老王为什么不离婚？"

梁太太回头看她一眼："你不知道老王是潮州人？"

方笑薇说："潮州人怎么了？"

"潮州人传统观念重，讲究结发夫妻，没有大奸大恶，潮州人是不会轻易离婚的。老婆再有什么不是，老王宁可把她挂起来放在家里，也不会离婚的，再说，王太太还生了两个儿子。"梁太太轻描淡写地说。

方笑薇说："家家都有一本难念的经啊。王太太这样未必就好受。"

梁太太撇嘴道："你看过大熊猫放生没有？圈养的大熊猫放到野外就是个死。像你我和王太太这样的良家妇女，除了当太太还会干什么？放到社会上就寸步难行。没有别的原因，当太太当久了，生存的本领和智慧都退化了，这时候再重新去抓住一个男人谈何容易？还不如就抓牢手中这一个，也好过从头开始。你说是不是？"

方笑薇点头，谁说女人头发长见识短？女人里头有头脑有智慧的大有人在，只不过大部分都被埋没了。

（注：歌词来自张惠妹《卡门》）

结局永远都让你意外

　　"她是谁？"坐在驾驶座上的方笑薇忽然发问，夜色下的眼睛格外闪亮，刚才临走之前跟老王告别时得体的微笑和优雅的表情一扫而空，剩下的是拒人千里之外的冷漠和疏离。

　　陈克明一时之间只觉得眼花，难道之前在宴会上那个笑吟吟的妻子，跟现在这个冷冰冰的女人是同一个人吗？他也瞬间沉下脸："哪个她？我不知道！"

　　方笑薇不急着发动车子了，她转过身来："你心里非常清楚我说的是谁！那个攀着你的臂弯，又给你掸灰，又喂你喝酒，还跟你亲密交谈的女人！"

　　陈克明沉声说："根本没有那样的人，你不要胡乱猜疑。"

　　方笑薇淡淡地说："有没有这样的人你我心里都清楚，我只问你，她是不是你公司里新来的那个 HR 经理？"

　　陈克明沉默了一会儿说："她跟我们的事没有关系，刚才的一切都只是碰巧而已，我的头上沾了好多彩带和碎屑，她只是碰巧看见了替我弄下来。她跟我们的事没有关系，只是一个不相关的人。你不要瞎想。"

　　方笑薇仰头笑了一声，接着说："不相关的人会给你掸灰，不相关的人会喂你吃东西？陈克明，你别自欺欺人了！谁都不是傻子，说谎能说一辈子吗？纸总有包不住火的一天！我问你,这种场合她怎么来了？谁邀请她来的？这种女人我见得多了,不是什么好东西！哼！在我眼皮子底下就敢这么不要脸,背着我还不定能干出什么好事来！你要还是我老公,你就把她给开了,咱们俩好好过日子,你要是舍不得还继续留着她,那咱俩这缘分就算到头了！"

陈克明被激怒了："方笑薇我告诉你,无缘无故我不会解雇任何人！特别是对公司有贡献的人！缘分到不到头你说了也不算！凭什么两个人的事都由你说了算？你说分居就分居,你说离婚就离婚,你把我当成什么？你为我们的婚姻做过什么努力？没有！你从来都没有！你总是地位超然,冷眼旁观一切事情,出了问题你从来不会伸手去挽救,你收手收得比谁都快！方笑薇！你欺人太甚了！我在你心目中算什么？一个挣钱机器,而且还是一个不合格的挣钱机器,哈,因为我总是出问题,出了问题还要万能的你去拯救！我在你面前没有尊严！尊严你懂吗？尊严是一个男人最重要的脸面,我没有尊严！"

方笑薇大大地震惊了,在她面前,陈克明会没有尊严？尊严是个什么东西？她倒糊涂了,根本没有想到会是这样的结果。原以为自己是理直气壮的受害者,没想到在他人眼里,自己居然还是一个迫害狂！她呆了半晌,突然抓起自己的包,拉开车门往外走去。

陈克明眼疾手快一把拉住她,压低声音喊："你疯了？大半夜的你不回家到哪去？"

方笑薇头也不回地使劲挣扎,心里一时明白一时又糊涂得厉害,这到底是怎么了？自己和陈克明到底出了什么问题？为什么会这样混乱？

陈克明费了老大的劲才把她拉回来,两人都累得呼哧喘气,谁都不说话,只有车里的环绕立体声音响里在播方笑薇最喜欢的一首歌"……他不爱我,牵手的时候太冷清,拥抱的时候不够靠近,他不爱我,说话的时候不认真,沉默的时候又太用心,我知道他不爱我,他的眼神说出他的心,我看透了他的心,还有别人逗留的背影,他的回忆清除得不够干净,我看到了他的心,演的全是他和她的电影,他不爱我,尽管如此,他还是赢走了我的心……"

方笑薇听着这忧伤而低沉的吟唱,眼泪大滴大滴落下,绝望而无助地想,为什么会这样？为什么会这样？到底是谁的错？

也许是上帝错了。

从酒会回来的方笑薇更沉默了，把自己关进房间里一待就是大半天。加上沉默寡言的小武，这屋子里就像游荡着两个幽灵一样，根本不像人住的。

方笑薇忘不了酒会上那个女人在做那一切时，那有意无意的一瞥，她不会误会那样一瞥的含义。那是个挑衅的眼神，明目张胆地朝着她所在的方向，饱含着轻蔑和嘲笑，虽然背对着她的陈克明没有发现，但方笑薇还是准确地接收到了这一瞥的信息。她在那几秒钟就明白了，这个女人对陈克明有企图，而且她根本不怕让人知道。

想到这些，方笑薇身心疲惫，她开始自暴自弃，决定放弃一切努力了，既然她所做的一切都是徒劳的，她还那么使劲挣扎干什么？不如就这样随波逐流下去，直到沉没为止。

她给冯绮玉打电话："你的那个 Offer 现在还有效吗？"

冯绮玉很干脆地说："只要你愿意。"

方笑薇放下电话。去证券公司上班，她连最基础的证券执业资格证书都没有，而要考这个证书还要上一段时间的培训班，如果她想当证券分析师的话，她还要再去考证券分析师资格证，然后还要有三年的从业经验。那么从现在起，她就必须忙起来了，没有时间再去想东想西。对于一个家庭主妇来说，时间根本不是问题，她有的是时间，方笑薇自嘲地想。她为这个家庭付出了一切，而这个家庭现在似乎不需要她了，那么她总得抓牢一些东西，不是吗？

方笑薇抱着一摞证券基础知识和证券交易的书，走向自己的车子。她刚刚才从培训课上下来，感觉像打了一场仗一样，将近二十年没有碰专业书了，现在拿起来眼生得很，学起来也格外费劲。大概她是那个培训班里年纪最大的吧？她走进教室的第一天，那些嘻嘻哈哈把上课当儿戏的二十来岁的小年轻甚至把她当成了老师，好不容易解释清楚误会，那些人看她的眼神就像看一个怪物，好像她不是出来学习，而是出来做什么见不得人的事一样，搞得她无地自容，恨不得找个地洞钻进去。想想也是，一个四十多岁的中年妇女出来学这最基础的证券入门知识，真是要多奇怪有多奇怪。

可不学怎么办呢？冯绮玉已经跟老总打过招呼，下个月她就要去上班了，她总不可能再跟冯绮玉赧颜协商，我还没有资格证，你先给我几个月时间我去考个证再来？方笑薇丢不起这人。她想，横竖是要丢脸，丢在没有人认识的地方总比丢在熟人面前要好得多。

正当她打开车门把书扔进副驾驶座的时候，一个影子挡住了她前面的光线。她直起身子，抬头看是谁。

"我是丁兰希。"

这句话一下子击中了她。方笑薇有一瞬间的恍惚，随即她又恢复过来，盯着眼前这个纤弱的女人，她跟她有种相似的气质，淡淡的，疏离的，可望而不可及的。

方笑薇不知道该怎么开口，她不知道丁兰希这时候的真实意图是什么，是挑衅，是求和，是逼宫，还是什么都不为，只是好奇来看一眼陈克明的原配长得什么样子？就好像方笑薇猜测了许久，丁兰希是什么样子一样？

丁兰希不等她思考太久就再度开口了："我找你有事。我们找个地方坐下来再说好吗？"

说话是询问式的，但语气是不容否定的。方笑薇别无他法，点头同意，两人默默地走进了附近的一家茶室。

在等待上茶的时间里，丁兰希在打量她，方笑薇非常不自在。她没有在一个女人审视的眼光下泰然自若的经验。好在茶很快就泡上来了，方笑薇微笑着说："喝吧。"

丁兰希毫不在意那杯茶，她随随便便地喝了一口，把茶杯往旁边一放说："通常电视里演这个场景的时候，要么是我苦苦哀求你成全我们，要么是你眼泪汪汪求我放过你们，总之，不哭出一缸子眼泪不算完，而且，哭了也白哭，谁也不会放过谁，谁也不会成全谁。"

方笑薇正在故作镇定地喝茶，听到这话"扑哧"一声笑了，差点被茶水呛到。她一边咳嗽一边说："你到底要干什么，直说吧，说得婉转动听我见犹怜的话，也许我会考虑成全你们。"

丁兰希看了她一眼:"你不必故作大方,我不是你想的那个人,你也不是我要找的那个人。我来是想告诉你,我跟你的老公陈克明没有关系,而且我马上就要走了,再也不回这个乱糟糟的地方了。"

方笑薇这时才真正有点意外:"走?去哪里?为什么?"

丁兰希嘴角略带一丝讥笑:"回到这里就是错误的,再继续待下去只会错上加错。你和陈克明关系紧张,我已经听说了,不过,不是你老公告诉我的,是范立,记得吗?陈克明的大学同学,他指责我破坏了陈克明的家庭,说我根本就不应该回来,还说了一大堆难听的话。这时候我才发现,我在不知不觉之间卷入了一团混乱之中。我跟陈克明吃过几次饭,是带着孩子一起去的,再然后是我儿子出了车祸,我找不到别人只好给陈克明打了电话,请他帮忙。仅此而已。当然,我不知道我儿子出车祸那天是你们的结婚纪念日。"

方笑薇看着她的眼睛,判断她说这话的真实性。丁兰希表情诚挚,眼光不躲也不闪,直视方笑薇的眼睛。

方笑薇不知不觉地叹了口气,没有说话。丁兰希静默了一会儿,又说:"你应该已经知道,我有一个十岁的儿子?"

方笑薇点头,丁兰希说:"我半年前才从上海回来,所以,我的儿子跟陈克明也没有任何关系。"

"为什么要对我说这些?"

"因为,我不想你误会。"

方笑薇眼神缥缈,淡淡地说:"有人给我寄来了一摞照片,上面的主角就是你们三人,在更早之前,我还收到了三条暧昧的短信,是一个全球通号码,后来我去查证过号码的来源,户主名叫丁兰希。有了这短信和照片,我没法相信陈克明的任何解释。"

"不用任何解释,我从来不用手机,更没有开通过全球通,以我现在的经济实力,我只用得起小灵通,但我以为照片是你派人拍的。"丁兰希说。

"怎么可能是我?"方笑薇反问。

丁兰希说如果不是方笑薇的话，她想不出谁还会那么好心给他们拍照留念。方笑薇觉得心里的迷雾一层层被拨开，整个事件在一步步接近真相，但她也越来越无力，想到每一次跟陈克明说话不是不欢而散，就是大吵，她不知道该怎样去找出真相。

"知道吗？"丁兰希忽然说，"我们都曾是陈老太太的手下败将，那是个变态的老女人，我在她面前丢盔弃甲，一败涂地；但你不同，你掌握了火候和斗争艺术，而且你还有韧性，所以，无论她怎么诋毁你，你在陈克明心里始终屹立不倒，你的存在就是对她最大的反击。有些事情也许是命中注定，我不恨她，但我可怜她。她的人生没有别的目标，就是以赶跑儿子身边所有的女人为乐。不是变态，胜似变态。就冲她，我也不可能和陈克明在一起，以前不可能，现在就更不可能。我受不了她，但你还得继续陪她玩下去。你好自为之吧。咱们永不再见了。"

说到那个婆婆，丁兰希一再用"变态"这个词，方笑薇听了直想笑，是的，她也曾在心里无数次用过这个词，她不厚道地认为，她的婆婆对这个词当之无愧。

丁兰希就这样彻底消失在了方笑薇和陈克明的生活中。方笑薇后来无数次回忆她们这次唯一的见面和谈话，不得不惊叹她的当机立断和先见之明。也许她们本来可以成为最好的朋友，但命运却让她们成为敌人和永不相见的终生遗憾。

（注：歌词来自莫文蔚《他不爱我》）

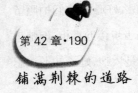

铺满荆棘的道路

方笑薇正式到证券公司去上班了。冯绮玉很够朋友，在她正式上班前一天，约请方笑薇和她的朋友秦总一起去"俏江南"吃饭，正式向秦总介绍了方笑薇，拜托他多多关照。

秦总的礼貌是无可挑剔的，但方笑薇在他彬彬有礼的背后读到了一种轻视和不信任。聪明的冯绮玉应该也早就发现了，不然不会在随后的谈话中假装不经意地谈到了"薇罗妮卡"。

秦总可以不知道方笑薇是谁，但他不能不知道"薇罗妮卡"。他在用一种全新的眼光打量方笑薇，连说自己有眼不识金镶玉。冯绮玉很满意，在散会的时候还半开玩笑半认真地对秦总说："我把我的秘密武器兼生死之交都交给你了，你不会大材小用让她去做个客户经理吧？"

秦总一迭声地否认，连说："当然不会，当然不会。大名鼎鼎的'薇罗妮卡'在我的公司里是我的荣幸，我怎么会让明珠暗投？你放心，你的朋友就是我的朋友！"

冯绮玉微笑着点头，最后才说："不过，为避免引起不必要的麻烦，我们希望您不要向外界透露'薇罗妮卡'就是方笑薇，可以吗？"

秦总又是一连串的保证，于是三人尽兴而散。

方笑薇兴冲冲地回到家里，直到这一刻，她才真正觉得自己的人生有了价值，不是在为别人而活。也只有在这时，她才把家里的种种纠纷和不快暂时抛到了脑后。

综合类的大证券公司一般有四类业务，投资银行业务，即为上市公司募集资金，如 IPO 等；投资业务，用自有资金投资炒股；资产管理业务，接受客户委托，用客户资金炒股；最后是经纪业务，即代理客户炒股，也就是客户在证券公司的营业网点开户，并可以进行股票交易。而证券营业部，就是客户办理开户和交易业务的营业网点，客户经理说白了就是去拉客户扩大业务量的基层人员，整天与一些老婆婆老大爷打交道，要费尽口舌来给他们解释各种条款。

方笑薇当然不会去做什么客户经理，如果要她整天去做些鸡毛蒜皮的小事，为一些蝇头小利而沾沾自喜，她宁愿缩在家里一辈子不出来。

方笑薇上班第一天的任务是了解宏观经济和行业情况，收集和分析各个券商的信息，对招商的发展形式和方向给出建议。方笑薇看着这个任务有点头晕目眩，但人都来了，周围是一大堆等着看笑话的人，她只好咬咬牙，埋头查起资料来。过了不到一个小时，公司的一个副总也来了，又加了新的任务，要她赶快把 2005 年—2007 年一级市场和二级市场的交易金额和结构列表作图，以便在下午的会上参考。

交易金额和结构都有现成的东西，搜索一下数据库就可以查到，可这制表要用到 Excel，二十多年前她上大学的时候还根本没有这个软件，她根本就不会用！怎么办?! 方笑薇简直快绝望了，一万次后悔自己为了一时意气来到这个根本不属于自己的地方活受罪。她暗暗地骂自己是在找死，但又不得不打起精神来开始制图。

正当她对着打开的一个空白 Excel 文档暗自运气的时候，救星终于出现了。旁边的一个姓金的小伙子实在看不下去了，帮她三下五除二地制好了一个漂亮的折线图，还简单地教了她怎么用这个软件制图。方笑薇简直感激涕零，这个世界果真还是好人多啊。

小金才二十四岁,已经有三年的从业经验了,刚刚考了证券分析师。他看方笑薇一脸窘相,不在意地说:"这没什么,不过你最好去上个培训班,把 Word 和 Excel 学精了。Word 的超级链接和 Excel 的逆矩阵转换都是工作中要用到的一些东西,如果不会,将来工作起来会很困难。如果有能力的话最好还要学学 VBA。"说完,小金又埋头到他那一堆报表中去了。

方笑薇被他那一长串的名词给惊得目瞪口呆,脑子里只留下三个字——培训班。老天爷呀!她刚刚才从培训班逃出来,低空飞过取得了资格证,现在居然还要去上 Word 和 Excel 的培训班,那么明天后天大后天大大后天,她还需要再学什么?一起来吧,让培训班把她虐死算了!

哀叹归哀叹,方笑薇还是得认真考虑小金的建议,不上培训班她还能怎么办?不会次次都有好心人来帮助你。

于是,方笑薇又交出一千大元和一周三天的下班时间给了培训班。周末也搭上了。不过,这个东西方笑薇已经有点基础了,学了两个星期就都会了,很快就结业了。学的时候方笑薇还在想,不知自己这薪水够不够支付自己上这些培训班的费用。

接下来的日子果然如小金所说,Excel 在这里的用途很广泛,方笑薇很庆幸自己及时地恶补了这方面的技术。第一周的任务是把已经公布的券商的未审计的 2007 年财务报表收集起来,把其中利润表的数据汇总起来,做个排名。方笑薇花了三天的时间做完了,剩下时间就去了解券商业务、排名和合并情况,以及资产证券化发展和集合资产管理等情况。证券公司的工作是很烦琐的,一大堆的数据和表格,如果不仔细,修改起来就很痛苦。方笑薇的长处就是细致,因此,这些东西做起来反而比较顺手。

证券公司的上班时间也是非常理想的,每天九点半上班,下午三点就下班了,所以方笑薇神不知鬼不觉地上了一周的班,陈克明还没有发现。方笑薇本想和他说一声,但看到他,又相对无言,不知从哪里说起。他们之间发生的事太多了,感情上的裂痕也已经越来越大了,三言两语如何能说得清?更令人伤心的是,方笑薇从侧面了解到,陈克明说话算话,果然没有开除周晴,还让她继续担任公司的人力资源经理。

得知这个消息，方笑薇没有大吵大闹，她在心里给自己设定了一条底线：如果陈克明把周晴开除了，那么她愿意和他继续沟通，愿意作任何的补救；如果他连这个都做不到，那么她就这样听之任之，继续冷战下去，她不会跟他主动去说任何事情。

不过，另外一件事的发生让方笑薇更加感到了人生的意义。小武来到她这里已经超过半年了，陈克明和她夫妻关系恶化也间接地影响到了小武，他被忽视了，没有人再想起他的存在，也没有人为他打算什么。陈克明工作那么忙，他连自己都顾不过来，怎么可能再去管小武呢？等方笑薇想起小武的存在时，他已经在这个家里无所事事地待了八个月了！方笑薇想必须得为小武做点什么了，正好她上班也有一周了，磕磕碰碰的也总算基本适应了，她有闲心再来管闲事了。

于是，在一个温暖的周日午后，她敲开了小武的房门。小武看到她的那一刹那有点惊讶，他不知道这个舅妈为什么会来找他。方笑薇看出了他的问号，友善地说："小武，有时间吗？我想请你喝茶。"

小武愣愣地点头，随着她走到露台上，方笑薇在露台上放置了舒服的藤椅子，还放了很多软软的抱枕和靠垫，这些软软的靠垫被方笑薇用薰衣草熏过了，散发出淡淡的香味。她随手拿起一个靠垫抱在怀里坐下，然后对小武说："坐吧，小武。"

露台上的小圆桌上已经放了热腾腾的茶和各式各样的小点心。小武坐下后，在那一堆软玉温香中百般不自在。方笑薇端起一杯茶说："先喝点茶吧，这奶茶是我特意为你准备的，很好喝。我记得你上次和忧忧一起去吃麦当劳，忧忧回来说你很喜欢那里的奶茶。"

小武依言喝了一口，有点戒备地盯着她，不知她接下来要干什么。方笑薇说："小武，我今天要教你玩一个新的游戏，比你原来玩过的要刺激一百倍，我保证你玩过了之后就会上瘾。"

小武闷声闷气地说："你们不都讨厌我玩游戏吗？"

方笑薇进一步引诱他:"这个游戏跟以往的都不一样,玩得好的会变成大富翁,玩输了有的是要跳楼自杀的。你想不想玩?

小武被她的话勾起了兴趣:"什么游戏?"

方笑薇故意卖关子:"你看过《勇敢者的游戏》这部片子吗?这游戏像那个'祖曼芝'一样,也是个真人残酷游戏,心理承受能力差的,技术不过关的都玩不了,有很多人还在底层时就被淘汰掉了,但是也有很多人踩着失败者的累累白骨成功上位。"

小武有点迷惑,还有什么游戏是他没玩过的吗?他来北京以前可是号称"并州第一高手",什么困难的游戏都打过了,练级过关可以三天三夜不吃不睡,游戏装备多得可以往外卖的地步,打遍全县无敌手的,怎么会听都没听说过有这么一个游戏?

方笑薇看着他思考的样子心里暗暗好笑,知道他已经慢慢落入彀中,不过她没有马上趁热打铁,反而给了小武一些时间去思考。

等小武左想右想想不出这是什么游戏时候,方笑薇适时地给他一锤子:"玩这个游戏起始阶段需要现钱,但你会在以后的游戏中逐步挣回来,当然,你也有可能全盘输光倾家荡产,就看你会玩不会玩了。我可以借给你钱,我也可以教你怎么玩,但玩得好坏全凭自己的领悟,而且我只能给你三个月的时间,如果你三个月还不能将这些钱翻番,那你也不用再继续玩下去了。你看怎么样?玩不玩?"

小武重重地点一点头,方笑薇很满意他的态度,她微笑着说:"这个游戏的名字叫'炒股'。"

物是人非事事休

由于是菜鸟级别的新人,方笑薇在公司要从基层做起。秦总安排由安副总亲自带她,让她在半年时间里要在公司内部每个岗位上轮一遍,争取快速适应工作。于是从第二个星期起,方笑薇开始担任操盘手。这是个十分枯燥和无聊的工作,每个交易日,她都要在电脑前下单,但她操盘的股票交易十分清淡,大多数都是她自己挂上去的,做做差价。明明是要买进的价位,安副总让她挂上大量卖单;明明是要卖出的价位,安副总让她挂上黑压压一片买单。而且,每天早上她会收到一份自己操盘的股票流通股股东排名,被画了叉的就是安副总让她洗盘出局的对象,每周还要去市场实习一次。

这些工作十分莫名其妙,方笑薇不明白其中的奥秘,问安副总他又不肯说,只说让她照办,时间长了就知道了。方笑薇心里直嘀咕,也许自己哪天被卖了还要帮人数钱。

在市场实习的时候,方笑薇主要是去跑证券营业部。去了几次之后就认识了几个总在那里炒股的老婆婆老大爷,方笑薇看他们有几个都买了她操盘的股票,忍不住要与他们聊天,问他们对这只股票的看法。

有一个老大爷退休前是档案局的公务员,大概是工作性质和谨小慎微的个性使然,他天天都要来营业厅看这只股票。方笑薇忍不住说:"大爷,您天天看它不累吗?"

老大爷憨憨地说:"不累,不累,一天不看它,心里慌得厉害,不知道它到什么价位了,该抛还是该补仓,我还是天天看心里踏实。"

旁边的一个富富态态的老婆婆插嘴道:"这只股票我也有,我就很少看。到时候它一定会涨!"

方笑薇大吃一惊,赶忙问:"为什么这只股票会涨?"

老太太坚定地说:"我说它会涨它就会涨。"旁边的老大爷听了直笑,方笑薇也笑了,但她知道,天天看股票的老大爷不见得就能挣到钱,而这个根本不怎么关注的老婆婆也许才是天命福星。

方笑薇一个月的操盘工作很快就结束了,安副总安排她搭建一个数据库,为公司和将来的研究作准备。其实说简单点就是作个分析报告,说说优缺点、利与弊等,然后给领导作决策时参考用。

于是方笑薇开始埋头在一大堆基金年报和数据分析表格中苦寻出路。在这家证券公司上班也有一个好处,尽管有竞争,但方笑薇是个新人,目前工作又还没有明显的定位,再加上大概是秦总亲自打过招呼,方笑薇做人又比较低调友好,所以目前大家对她还是比较友善的。

只是刚开始时,由于方笑薇是开着宝马上班的,停车时被有心人看在眼里,回去过有一阵议论,但方笑薇第二天就意识到了这个问题,把宝马锁进了车库,将那台闲置不用的帕萨特"领驭"给开了出来,于是,大家的议论也就很快平息了,毕竟都是来上班的,议论别人的是非不会增长自己的业绩。方笑薇的生活就滑入了正轨,上班的时候她是快乐的,但下了班,她却一阵又一阵地感到空虚。

离结婚纪念日的谈和又过去好几周了,方笑薇和陈克明的关系就这样冷冷淡淡地僵持着。陈克明中间又出差了一次,这次是去沈阳,要五天,陈克明只在电话里跟方笑薇简要地说了一声,方笑薇要给他准备好行李,陈克明没有异议。

在陈克明出差的几天里,方笑薇在一天下班时忍不住打电话给前次接待过她的小李,想侧面问一下陈克明是不是真的出差了。她打了半天电话却是一个陌生的声音接听,而且还非常的不耐烦。方笑薇问小李到哪里去了,那个声音反问:"你是谁?打听这么多干什么?"

方笑薇不由得气恼地挂了电话,拿出手机点开通信录,翻到小李的号码打过去,小李倒是很快就接听了。方笑薇问:"小李,你上哪去了?怎么没在公司啊?"

小李那边好像有点犹豫,过了几秒钟才说:"陈总没跟您说吗?我辞职了。"

方笑薇追问一句:"为什么?是有更好的地方吗?"

小李在那边沉默了一会儿,才下定决心似的说:"不是,我给公司造成了损失,所以辞职了。"

方笑薇心里有点数了,她再问了一句:"你告诉我,什么损失?为什么要辞职?"

小李不肯说,方笑薇不由分说地对她说:"你来我这边,我们谈一谈。"小李答应了。方笑薇心里十分不是滋味,这小李是她非常看好的一个小姑娘,待人做事沉稳有礼,又知进退,方笑薇原想等过一两年就建议陈克明提拔她做公关经理的,没想到还没过几个月她就给公司造成了损失,难道是她看人的眼光有问题吗?

小李很快就到了她们约好的地方,方笑薇在她进来的时候上下打量她,几天不见,这个原本有点丰满的小姑娘变瘦了,神情也暗淡了许多,不再像以前那样开朗活泼见人就露齿微笑了。

方笑薇给她倒上水,让她细说缘由。小李还在犹豫,半天不肯开口,只说是自己的错。方笑薇听了半天不得要领,就说:"你是办公室管接待的,最大的错也就是接待不周,你能给公司造成多大的损失?大到要辞职的地步?"

小李听着这话大近情理,忍不住"哇"的一声就哭了,方笑薇从她断断续续的话里总算听明白了,宏丰公司的赵副总是个急色鬼,每次来公司都喜欢动手动脚,话里话外炫耀自己有钱有势,几次对她提出非分要求。小李是个正直的湘妹子,表面温顺其实性格火暴,惹急了就给了这姓赵的一巴掌,这下捅马蜂窝了,这姓赵的不干了,原本正在谈的生意也不谈了,放出话来要小李给她磕头赔罪,还要陪睡一晚上这事才算完。

"周经理让我去给他赔礼道歉,还说,赵总看上我是我的福气,让我不要敬酒不吃吃罚酒。我不去,她就威胁说要开除我,我一气之下就自己辞职了。"小李抽抽噎噎地说。

方笑薇递给她纸巾让她擦眼泪,心里气得怒火中烧,难道这世界就没有天理了吗?难道这公司就堕落到要靠女员工出卖色相才能接到生意的地步了?陈克明怎么就允许这种事在他眼皮子底下发生?还是这种行为本身就得到他的默许了?这样的他还有没有一点道德底线?急功近利本来不是他的作风啊。

小李一气之下辞职了并没有马上找到工作,一会儿卖保险,一会儿搞推销的,生活很不安定。方笑薇安慰她不要着急,想了想之后给马苏棋打了电话,把她推荐到马苏棋上班的单位里去做前台。马苏棋在单位混了十几年,好歹也是个办公室主任了,招个小小的前台搞接待这点权力还是有的。方笑薇告诉小李让她下周一就去上班,不要再东奔西走了,上了班之后再作其他打算。小李不相信这从天上掉下来的馅饼会砸到自己头上,千恩万谢之后眼泪汪汪地走了。

小李走了,方笑薇心情沉重。她放弃了原来的底线,想再作最后一次努力,等陈克明回家之后,好好地开诚布公地跟他谈一谈,就算不能完全弥合这裂痕,但收拢一下让它不再继续裂开也是好的。

《名侦探柯南》里有一句话:"真相,这只有一个。"虽然真相只有一个,但大多数人都找不到,因为愤怒、骄傲、恐惧和失望这些失控的情感蒙蔽了人的眼睛,使人变得盲目。方笑薇不想再在她和陈克明之间找什么真相了,她想,通过这接二连三的事情,如果她还不明白真相是什么的话,那她就太愚蠢了。当然,现在还不是和陈克明彻底摊牌的时候,她在忍也在等,等着一切的大牌握在她的手中,她会给这个隐藏在真相背后的人致命一击。

现在,她需要做的是忍耐和等待。她从包里翻出一张深蓝色的硬纸卡,然后按照上面的电话拨过去,电话通了以后,她轻轻地说:"我需要你们的帮助,我会马上把百分之四十的钱作为预付款打到你指定的账户里。"

处理完了一些事,方笑薇又呆坐了一会儿,准备结账。服务员看她招手连忙股勤地跑过来,问她还需要点什么。方笑薇摇头说不用了,让她结账。

在等待服务员回来的这段时间里,方笑薇无聊地四处看闲打发时间,无意中发现餐厅里头顶上的电视在播一个农业节目,主持人介绍说这种"治沙还草"模式,以及麻黄草种植基地的建设,不仅使该公司自身获得良好经营效益,而且还对西部地区的生态环境和经济发展作出了积极贡献。

吸引方笑薇的并不是这些种草啊、治沙啊、基地啊什么什么的,而是这个公司的名字,这个"治沙模范"竟然是"金田威"!

方笑薇对"金田威"印象太深刻了。股评专家林文政曾经反复强调这是一只值得中长线投资的股票,让股民们不要随意炒短线,而且还预测未来这只股票的成长空间是不可限量的,投资的回报率也将超过百分之二百。"金田威"被他说成了中国股市上唯一的"毒品概念股",他还专门为这只股评写了一本书来推荐,说"金田威"的股价应该在百元以上!

方笑薇再次看到电视里的节目,她变得异常兴奋,在她心里,有种隐隐约约的念头,这个"金田威"已经被炒作到了这样的高度,在它背后一定不可能没有问题。她几乎是迫不及待地想回公司去查证,看看她的直觉到底准不准确,这"金田威"到底有没有问题。至于她自己的事,反倒被她抛到了脑后。

初生牛犊不畏虎

　　小武年幼无知,被方笑薇带入了股市,而且还在方笑薇的鼓动下雄心勃勃地发誓,一定要在三个月内将方笑薇借给他的五千块本金翻番,然后归还本金,用挣到的钱来做他投资路上的"第一桶金"。

　　其实,方笑薇在跟小武谈话前,对这个结局也没有十足的把握,她不知道小武愿不愿意上她这个钩,会不会对她的提议感兴趣。但她知道,小武有一种天赋是很多人所没有的——他对数字非常敏感,能在一大堆的数字中快速而准确地找到他所要的。这个先天条件已经比别人好太多了,她不想浪费。

　　小武入市前,方笑薇暗暗地评估了一下风险,觉得小武这时候入市,如果不是蠢笨如牛,应该不会血本无归。三个月内要把五千块钱翻番不是个容易的事情,首先本金就太少。但只要去做也不是个比登天还难的事,精心选股,耐心炒作,不急功近利还是可以做到的。

　　当然,方笑薇并不是把钱交给了小武就撒手不管了,每个星期,她会对小武的情况作一定的分析和点评,然后针对他的问题加以指导。当然,方笑薇也不是个专家,但指导一个菜鸟入门还是可以胜任的,所以,她跟小武约定了每周日下午两点到四点是业务学习时间,这个时间既不耽误工作,也不影响小武和陈乐忧学轮滑，因此小武没有异议。

"很多股评家告诫散户不要把鸡蛋放在一个篮子里，这话也对也不对。主要还是看你的资金有多少，如果你的本金很少，你四处撒网，那么结果很可能是你根本顾不上那么多股票，最后哪只也做不好，这时候一定要集中火力，做完一只，再做另一只；如果你的本金比较多，有至少五万以上，你可以分散到两到三只股票身上，不要超过四只，五只就太多了，很可能顾不过来，而且赢利也不集中。这是第一课，你要记住。"方笑薇看着小武说。

小武一边看电脑，一边忙忙碌碌。

方笑薇说："小武，你把你这一周的交易情况调出来让我看看。顺便让我看看你本周的赢利有多少。"

小武快速地输入了用户名和密码，很快就登录上了他的账户，方笑薇仔细看了一遍，小武总共挣了一百多块钱。又调出交易单看了看，最后查了查 K 线图。没有亏本，但照这个速度挣下去，恐怕要一年才能把钱翻番，而且还得在稳赚不赔的情况下才行。

方笑薇指着他交易的那几只股票说："小武，你知道你的问题出在哪里吗？"

小武摇头，很茫然，他从周一入市开始，仅凭周日方笑薇对他进行的两个小时的速成培训，在股市里跌跌撞撞，一会儿买进一会儿卖出，折腾了七八趟，天天紧盯着电脑，到现在才好不容易挣了一百多块钱，还不如他以前打游戏卖装备挣的多。他想了一会儿，全无头绪，只好老老实实地说："我不知道。"

方笑薇说："炒股是不能只看价格的，得看公司如何，高科技公司的股票风险比较高，收益高；国有企业风险不大，平稳，但收益也一般。你选的这几只股票从价格上来看很便宜，平均只有十几块钱一股，但它的涨幅不大，只有百分之三，所以你买进卖出也挣不了多少钱。所以，学会选股是很重要的，作为一个新入市的人来说，首选是那些业绩优良的股票。无论何种市场，业绩优良是股票上涨的根本因素。因此在选股时尽量选择每股税后利润四毛以上，市盈率在三十倍以下的具有成长性的股票。其次，我们还可以选择那些行业独特或国家重点扶持的股票。因为它们往往市场占有率较高，在国民经济中起到举足轻重的作用,所以市场表现也往往与众不同。总之,最根本一点,不管每股价格高低,你在选股时要选涨幅能在百分之十左右的股票。"

随后方笑薇又给他解释了什么叫市盈率,她并没有使用一大堆的名词和术语,而是在讲解时尽量深入浅出,只在必要时才使用专门的术语,并且还尽量给他解释清楚。小武听得津津有味,一副摩拳擦掌跃跃欲试的样子。

方笑薇看了觉得好笑,小武平时都是冷冷淡淡的样子,只在偶尔流露出一点孩子气时,才显得与他的年龄相符。

方笑薇看看时间差不多了,就让小武好好上网查查资料,看看他选中的这些股票的上市公司的情况,下周再给他讲怎么看盘,小武点头答应了。方笑薇看他忙碌的样子,就说这些资料可以明天再查,今天可以休息一下,小武头也不回地说知道了,手里的活却并没有停。

方笑薇摇摇头走出去了。小武做什么事情都很专注,甚至专注到了痴迷的地步,这既是优点也是缺点啊,以后要找机会跟他谈谈。

周一上班的方笑薇是忙碌的。她刚到办公室就看到自己桌子上堆了老高的一摞文件,连忙问前后左右这是什么,谁送来的?大家都说不知道,小金听了回头说是安副总一大早送来的,供她建数据库时参考用。

方笑薇随手翻了翻第一本,是一家券商的中报和年报,以及一些其他的相关资料,这些资料都是内参性质的东西,是不可能在市面上看得到的。她心中一动,又快速地查看了一遍,果然找到了"金田威"的资料,高兴得快跳起来。大家看得莫名其妙,她赶快按捺住自己的激动,坐下来,一页一页地阅读,时不时百度一下,找些诸如"超临界萃取技术"之类的名词解释。

正如"金田威"公司总裁所说,这家公司是生物制药类的高新技术企业,享受优惠的税收政策。项目总投资一万六千万元,按保守的估计,产值可达四万二千七百五十万元,利税达两万八千二百二十三万元。按照他的说法,当年投产,当年可收回投资。

方笑薇不相信有这样天方夜谭的好事。她看了看 2006 年的资料,"金田威"发布公告,声称已经与德国的一家公司签订连续三年总金额为六十亿的"萃取产品"订货总协议。那么依此合同推算,2006 年"金田威"每股收益就将达到两至三元!

看着看着,方笑薇脑子里冒出一个疑问,怎么他们用三千多万马克引进德国的一套超临萃取的设备,产品又全出口德国,一年就能全部收回投资,利润率高达百分之八十七,而后三年的毛利之后将达五十多个亿,如果真有这么好的赢利项目德国为什么自己不做,而让"金田威"来做?难道要送钱给他们吗?

这用一句"中德友好"之类的屁话是根本解释不通的,而且方笑薇越看疑点就越多,"金田威"的产品价格高出它的国内同类产品价格好几倍,怎么这德国人就认可了这个价格?难道他们买个东西连起码的货比三家都不需要吗?

方笑薇看了一整天,也想了一整天,只觉得迷雾重重,她想难道这些问题都没有人发现吗?难道就只有自己看出这些明显在作假的东西?还是自己在疑神疑鬼,看谁都像有问题?她有点不相信自己,决定明天找找这家公司的财务报表来看看,也许有什么突破。上市公司要造假,财务报表是最能看出问题的。

下了班之后,方笑薇没有马上回家,她想起早上母亲给她打电话让她回家一趟,也没说有什么事,就开车去了娘家,路过水产市场的时候,她又停下来,买了一箱冰鲜南美虾放到后备厢里。

今天是周一,家里没有那么多人,明崴和悦薇一家都不可能在这时候来。方笑薇进了家门后,发现老头老太太都好好的,才放了心。方母看她来了,高兴地赶着给她倒水,又给她张罗吃的。

方笑薇边吃边说:"爸,后备厢里有一箱子鲜虾,你们搁冰箱里收着吧。"方父去搬虾子去了,方母埋怨她说:"好好的又拿虾来做什么?我们两个老家伙根本吃不完,冰箱里又实在搁不下。"

方笑薇说:"怎么吃不完?明崴、悦薇两家来了不一下子就吃完了?哦,冰箱确实小了,我还真没注意这个,这冰箱有年头了吧?还是老三结婚搬出去以后,你们重新装修的时候买的吧?才两个门,确实小了。过两天我看叫人给你们送个大点的来。"

方母连忙摆手:"别,快别吧,你就算送个大的来,我们也没有地方放,你看现在这房子,哪还有地儿放个大冰箱？算了吧,啊？"

方笑薇没辙了,吃着老妈给她递来的山竹,突然问:"妈,这山竹不是我前两个礼拜拿来的吧？味有点不大对,好像坏了！"

方父一听,赶紧过来查看,确实有点发黑,就回头埋怨老太太:"我说要搁冰箱里吧你不让,说放阳台上就行了,这下好了,全坏了。"老头老太太互相埋怨。方笑薇无法,只得说:"算了算了,给你们东西你们就自己慢慢吃,非舍不得吃要留给这个留给那个的,留得都坏了谁也吃不成！明崴和悦薇他们什么好吃的没吃过呀,你们非不听我的。算了吧,坏了的都扔了吧。"

看老头老太太无精打采的样子,知道他们又在心疼那堆山竹,就连忙转换话题说:"妈,爸,叫我回来什么事呀？"

老太太这才回过神来,重又高兴起来说:"我给你炖了鸡汤,上礼拜你回来我看你脸色不好,炖了只老母鸡想给你补补,人多,你总共也没吃上几口。这回我和你爸又上菜市场挑了只上好的老母鸡,用老火煨了七八个小时,专门给你弄的,你赶紧趁热喝吧。"

方笑薇听了,眼眶有点红,低下头慢慢地说:"妈,爸,你们就别老操心我了,我自己能管好我自己,再说,我又不是没条件。"

方母把盛着鸡汤的白瓷缸端来说:"那不一样,你从小就是个懂事的孩子,宁可亏着自己也要顾好别人。在你自己家你要操心这个操心那个,哪有时间管自己呀？你看你最近精神恍惚,脸色也不好,问你你又不肯说,我们能不着急吗？"

方笑薇低头不语,用勺子转着边地舀鸡汤,吹凉一点才慢慢地喝。方母见状又说:"最近是不是家里有什么事？"

方笑薇不肯说,只说没事,就是失眠。方母和方父对视一眼,忧心忡忡。方笑薇喝了几口鸡汤,突然说:"妈,你这脸色怎么这么红？"

方母用手摸了摸脸说:"有吗？我怎么没觉得？"又问方父:"老头子,红吗？"方父说:"别问我,我看不出来。"

方笑薇站起身来,仔细打量方母一阵说:"有的。最近还有什么别的不舒服没有？"

　　方母不自信地说："好像没有什么大的不舒服，就是偶尔有点胸闷，也不是现在才有，老毛病了。没事，你喝你的鸡汤，别管什么红不红的。"

　　方笑薇坐下喝着汤，总觉得怪怪的，但又说不上哪里怪。

爱到无路可退

　　周二的早晨照旧是很忙碌的。方笑薇上了班之后马上找了安副总调出"金田威"的财务报表来看。看来看去只觉得疑点重重，怎么这个高科技企业每年电费只有三十多万？他们搞科研做实验不用水用电？美国前副总统戈尔在田纳西州的豪宅仅仅是有十多个房间和温控游泳池，就被人投诉不环保，每月用电量高达一万六千度，一年电费折合人民币也有将近二十多万，难道一个巨型企业的用电仅仅比一栋民宅多一点？

　　她拿着报表去找了安副总，说出她的疑点。安副总没有明确地表示，只说证监会现在也在查他们，但没有查出什么结果，让方笑薇不必再纠缠于一家上市公司，继续完成手里的工作才是当前要务。

　　方笑薇很失望，回到办公室后，她想了想，还是没有把手边的资料扔到一边，但她给秦总打了电话，简明扼要地说了自己的发现。

　　秦总沉吟了一会儿才说："我相信你的直觉和专业能力。你放手去查吧。需要什么资料就去找小王，他会协助你继续查下去的。"

　　方笑薇放下电话，满心欢喜。两天之后，她打电话给重量级杂志《天下财经》，说要传真一份重要的报告给他们。两个小时之后，主编给她回电话询问一些细节。

方笑薇对着电话，思路十分清晰："是的，我是一名证券公司的从业人员。通过财务报表和其他资料的综合分析，我认为应该立即停止对'金田威'股份发放贷款。这个公司 2006 年的流动比率已经下降到 0.77，净营运资金已经下降到负 1.27 亿元。你们也是做财经的，这几个简单的数字你们应该可以看出:"金田威"在一年内难以偿还流动债务，有 1.27 亿元的短期债务无法偿还。它已经失去了创造现金流量的能力，完全是在依靠银行的贷款维持生存。它已经是一个空壳了！"

《天下财经》的主编又问了一些问题，方笑薇一一做了回答，最后主编回复说:"你反映的这个问题很重大，为谨慎起见我们先不公开发表，先放在内参上供证监会和其他机构内部参考再作决定好吗？"

方笑薇答应了，反正她的本意就是要让证监会看到，公不公开发行有什么关系呢？主编建议她先署笔名比较保险。方笑薇轻轻地报出四个字"薇罗妮卡"。

主编听到这个名字有所触动，他忽然问道:"你和那个扳倒'带头大哥'的'薇罗妮卡'是同一个人吗？"

方笑薇犹豫了一下，最后还是说:"是的。"

主编立即说:"那我就更有理由相信你的发现了。请等候消息吧，我们会马上发内参。"

方笑薇放下电话，把报告也给秦总传了一份，至于秦总会怎么做，她就不管了。过了一会儿，她想起了糊涂的明崴和半瓶子醋的志远以及闺蜜马苏棋，赶快又给他们打电话，让他们尽快抛掉手中持有的"金田威"的股票。

明崴唯唯诺诺，马苏棋半信半疑，志远还在那边嚷嚷:"好好的正是上涨的时候抛掉干什么？大姐你又不炒股，你管这么多干什么？"

方笑薇懒得解释，反正解释起来也说不清来龙去脉，她只简短地说:"我有内部消息，你赶快抛掉不要多话，否则后果自负。"说完，她就把电话挂了，她的话，志远和马苏棋她不敢肯定会不会听，但明崴一定会听。听进去多少，有没有照做就全看他们的运气了，有时一念之差就是天涯海角的距离。

方笑薇做完了一切事情，只觉得心跳得很厉害，她知道这是过分紧张所致，马上停下了一切的活动，让心跳平静下来。待了几分钟觉得没事了，她才睁开眼睛，这时，桌上的手机又响起来了。她伸手够到手机放到耳边，说："喂？"

电话的那头还是那种不太流利的普通话："陈太太，你要的东西我们已经查到了，现在你把尾款打到账户里，我们把东西给你快递过去。"

方笑薇听到这儿，立起身子说："我怎么知道你们是不是在骗我？我怎么知道你们查到的东西是不是我想要的？万一不是怎么办？"

对方倒也干脆："我们是很讲信誉的，万一不是可以退货再查。"

楼下就是银行，方笑薇下了楼把钱汇过去，发了短信告诉他们，对方告诉她一个小时之后马上送到。方笑薇忐忑不安地上了楼，坐在自己的椅子上发了一会儿呆，才开始手边的工作。

时针指向一个小时的时候，方笑薇的手机果然响了，她快步下楼接收了快件。这包厚厚的材料包裹得严严实实的，静静地躺在方笑薇的办公桌上，她却没有勇气打开。今天下午就是陈克明出差回来的日子，她将如何抉择？

晚上七点，依照方笑薇和他在电话里的约定，陈克明到了"俄罗斯餐厅"，在那里方笑薇已经订好了位子。方笑薇在给他打电话的时候并没有说到底有什么事，只说好久没有两人一起单独吃顿饭了，要陈克明今晚一定要抽出时间。

陈克明到的时候，餐厅里客人正多，侍者彬彬有礼地把他领到了餐厅最深处的一个座位，往常他们出去吃饭是从来不坐那种僻静的角落的，看到这个座位，陈克明心里没来由地一沉，不知方笑薇要干什么。等他四处望了一下，却没有发现方笑薇的影子，心里不祥的预感越发强烈，他几乎有点想退却了，侍者微笑着说："夫人订位子的时候吩咐过了，如果您来了请您稍等一会儿，她马上就到。"说完，将托盘里的红茶放在桌上。

陈克明一头雾水地坐下，坐立不安地过了十分钟，才看见方笑薇在侍者的引领下姗姗而来。

陈克明不由得有些恼火说："你干什么去了？现在才来！我等你好久了！"

方笑薇不介意他的态度、淡淡地说："从我退出公司回家做全职太太起，这十几年来都是我在等你,今天,我是第一次也是最后一次让你来等我。"

陈克明听出她话里有话:"你在说什么?什么叫第一次也是最后一次?你故意让我等也就算了,现在还要说出这种话来吓我?你到底想干什么?"

方笑薇动作优雅地坐下,把手中的大包放到旁边的座位上,回头对侍者微笑着说:"给我来一份培根牛柳,一份哥顿堡猪排,一份俄式烤鱼和一份乌克兰红菜汤,再来一份首都沙拉。"侍者依言走了。

方笑薇才收起笑容,拿出包里的那包东西,打开,一份份摆在桌上:"我要干什么你看了就知道了。对,你想得没错,这次我找了专门的人来跟踪和调查,上一次你冤枉了我,所以这次我索性就如你所愿了。"

陈克明顾不上和她口舌之争,快速地看那些照片、电信单据记录、文件和包裹皮。方笑薇什么也不说,静静地等他自己看。

翻着翻着,陈克明的手在微微颤抖,细细的汗珠也从他额头上冒了出来,耳边传来方笑薇的声音:"你不要激动,也不要生气,我之所以给你看这些,是想告诉你,你的身边养了一条狼崽子。尽管它现在还小,但只要你把它养大了,它迟早要掉过头来咬你。你大概不知道,我已经见过丁兰希了?"

陈克明抬起头,眼睛里闪着希望的光芒:"你已经见过她了?那她应该把一切都说清楚了?我跟她确实什么事都没有!"

方笑薇看了他一眼:"我宁愿你跟她有点什么事,丁兰希是一个骄傲坚强的女人,光明磊落,我敬佩她。如果你跟她发生了什么事,我可以原谅你,因为你毕竟曾经跟她有过真感情,如果有事你也是情不自禁。但你没有,你和一个比你小十二岁的女人上床,你还让她长期担任公司的重要职位,你让她在公司里为所欲为,把公司搞得乌烟瘴气。你这算什么?沉迷肉欲吗?亡国昏君吗?这个女人的卑鄙下流还远远不止这些。在你把手机落在家里的那天,她给你的手机上发来短信,让我相信那是丁兰希和你旧情复燃,她拍下了你和丁兰希的照片寄给我,她在老王的酒会上故意刺激我,让我和你从大吵大闹发展到冷战。她设计了这一切,不过是想把我的视线引到丁兰希身上,想坐收渔翁之利而已,她的心计不可谓不深沉,但是我不恨她,如果你没有和她有过不正当的关系,如果你没有给过她不切实际的希望,她不会这么做。这一切的根源和罪魁祸首都是你!"说着说着,方笑薇的情绪也激动起来,陈克明抓住她的手,她抽出来,找出纸巾,轻轻地擦了擦眼角。

陈克明羞愧地低下头,讷讷不成言,侍者适时地上了菜,然后退出了。陈克明半天才勉强挤出几句话:"薇薇,无论你怎么骂我怎么打我都行,我只求求你原谅我这一次,我这是一时的失足,我受不了诱惑,但是在我心里,没有人能取代你!我只是想玩一玩,我以为你不会知道……"

方笑薇制止了他的哀求,平静了一下情绪,过了好一会儿才说:"你背叛了我们的婚姻,我原谅你就是对我自己最大的伤害。曾经在我以为你和丁兰希有暧昧关系的时候,我想过原谅你,想过要挽回你,但现在不了,一想到你和别的年轻女人上过床我就觉得恶心想吐,我就受不了要发疯。为什么十八年的爱情和亲情还敌不过一时的新鲜和刺激?你有如日中天的事业,温暖的家庭,还有乖巧的女儿,如果这些都还不能让你满足,那还有什么能让你满足呢?也许你现在还没有想过要离婚,但以我的骄傲怎么会等到你来抛弃我?所以,我要先抛弃你,我要离婚!"

这石破天惊的两个字让陈克明惊呆了,他不是没有想过外遇会有戳穿的这一天,不是没有预想过方笑薇的反应,但当他真切地听到从方笑薇嘴里冒出的离婚两个字的时候,他还是被吓住了,如同遭到雷击。在他内心深处,他从没想过让别人来取代方笑薇,从来没想过要离婚,也从来没想过方笑薇会主动提出离婚。总觉得方笑薇能忍,能让,识大体,顾大局,所以他一直心存侥幸,一直用虚张声势来掩盖他内心的愧疚和不安,一再地试探方笑薇的底线,也一再地逼她退让,却没想过有一天她会退无可退,她会转身潇洒地走开!

陈克明顿时崩溃了,眼泪决堤而出,悔恨、痛苦和绝望让他顿时泣不成声。方笑薇也哭了,不出声地让眼泪汹涌而出。相对无言只有泪千行,相同的意境不同的心境,对苏轼来说是悼亡妻、是死别,而对方笑薇和陈克明来说,则是痛失过往幸福美满的婚姻,是生离。哪一个更断人肠?说不清。

不知过了多久,方笑薇擦干了眼泪,举起酒杯说:"让我们好聚好散吧,在女儿高考之前先扮演一对称职的父母,等女儿高考完了我们再正式离婚。"

陈克明痛苦地说:"不!我不同意离婚!我不离婚!我死也不离婚!薇薇,你太残忍了!你连一丝机会都不给我!你连一次的错误都不原谅!"

方笑薇脸上挂着一个凄凉的微笑:"我给过你机会,记得吗?我让你把周晴开除了,我们重新开始,但你迷恋她,坚持不肯这样做。你说过,我一个养尊处优的太太能让你付出什么代价,你错了,我有几百种方法可以让你短时间内一无所有。你知道吗?我就是电视里寻找了很久的'薇罗妮卡',我之所以现在告诉你,是想让你知道,你不会比'带头大哥'更难对付,只要我愿意,我随时可以报复你。但是,我放弃了,仇恨和报复既伤人又伤己,我不想让女儿日后知道了,会恨我报复了她的爸爸。在女儿心里,你还是一个好爸爸,所以,维持你的好爸爸形象,好吗?"

随着餐厅忧郁伤感的音乐响起,方笑薇站起身来,最后说了一句:"作为十八年的夫妻,我最后送你一件分手的礼物,如果你还相信我的话,明天你就把手里所有的'金田威'的股票全部抛掉,越快越好。"

陈克明目送着方笑薇离开,眼泪又逐渐模糊了双眼。为什么仅仅是想到从此就要失去她,他会感到椎心泣血的伤痛和绝望?为什么一颗珍珠在他身边待久了,只是蒙上了灰尘,他就愚蠢到看不清她的价值?陈克明趴在餐桌上泣不成声,餐厅里伤感的音乐处处诉说着这个中年男人的失意、落魄和悔恨。

谁来给我光明和希望

时间的巨轮并不会因为你一时失意和伤痛就突然停止转动，却能抚平你任何的创伤和痛苦。

在《绝望的主妇》中，Mary 曾说过这样的话："在一个黑暗的世界里，我们都需要一点光明，也许是一束光明，让我们知道怎么挽回失去的东西，或是一个灯塔，驱走生命中的恶魔，或者是几个灯泡，照亮了掩盖住的真相，黑暗中我们都需要一些光明，哪怕只是最微弱的希望。"

当方笑薇转身离去，走进了绵绵的细雨中的时候，一个声音从她心底响起："谁会来给我一点光明？谁会来照亮我最微弱的希望？这是不是世界的末日？这是不是人生的尽头？为什么我的人生会这么失败？为什么我的生命中会看不到一点希望？"

但随即，另一个声音完全盖住了这个软弱的呻吟："醒醒吧，方笑薇！你以为你是谁？这既不是世界的末日，也不是人生的尽头！全天下要离婚的女人也不只有你一个！除了你自己，没有人能帮你站起来！"

"是的，我知道。我只有我自己，我是永远也打不倒的方笑薇。"方笑薇点着头，喃喃自语，她含着泪，微笑着，在雨中蹒跚而行，脸上分不清是雨水还是泪水,顺着脸颊潸然而下。

　　她知道,她今天亲手摧毁的不只是那个藏在暗处给她设圈套、朝她放冷箭的周晴,还有她伪装幸福美满的婚姻。那个卑鄙而无耻的女人将从此彻底消失在陈克明的生活中,很好,就让她为他们破裂的婚姻陪葬吧,那是她罪有应得。

　　方笑薇所不知道的是,陈克明正在她的决绝和离去而痛不欲生。知道了又怎么样? 方笑薇只会轻蔑和不屑:"你在外面玩这些有钱人的游戏的时候想过会有这一天吗?"无论如何,她已经不会再为他流任何眼泪了,她要骄傲地、有尊严地活下去。

　　骄傲的、有尊严的方笑薇并没有预计到从这一天开始,她要经历生命中最大的危机,差一点就要付出生命的代价。

　　向《天下财经》发出文章的方笑薇被推到了风口浪尖上。她在内参刊出的第五天接到了陌生的电话,指名道姓要找方笑薇。

　　方笑薇不知何意,问他是什么人,对方愤怒地说:"我是一个快要被你害死了的人!我就是'金田威'的董事长刘聿铭!中国证监会调查'金田威',银行都没有停发贷款,但是你的文章一登出,所有的银行都停发贷款了,我的资金链断了,我们都快死了! 你实在害人不浅! 你这么做会有报应的!"

　　方笑薇咬咬牙壮起胆子回应说:"你的资金量不是很充足吗? 我看了你们的财务报表,上面显示光是种植麻黄草的现金收入就有将近十三亿,银行停发你贷款怎么会影响你的业务呢? 你们怎么会缺钱呢?"

　　对方没有再答话,只恶狠狠地说了一句:"你等着瞧!"就重重地挂断了电话。

　　方笑薇感到一阵又一阵的后怕,她不知道她的这篇文章将会引发金融界的什么动荡,但从刘聿铭的电话可以隐隐约约猜测到,她给自己惹下了大麻烦,而刘聿铭的电话只是一切风暴的开始。

　　接着三天之后,方笑薇接到了法院的传票,"金田威"股份有限公司诉方笑薇名誉侵权。当传票由法院民事庭庭长送到的时候,方笑薇正在上班,周围的同事一片哗然,不知她干了什么见不得人的事,连法院传票都送到办公室来了。

　　法院的传票彻底打破了方笑薇伪装的平静生活,她陷入了麻烦之中,同事们对她的做法也有争议,有的认为她好出风头,无事生非;有的认为她与这么大一家上市公司作对无异于鸡蛋碰石头,暗暗担心她的安危;也有一小部分人对她表示支持,给她鼓劲,给她出谋划策,让她不要退却。

　　方笑薇就在这些支持、反对和观望的目光下艰难地前行,她身处漩涡的中心,备感孤立。还好关键时刻秦总并没有落井下石,他在方笑薇主动递交辞呈的时候和她谈话,告诉她,这个世界上不是所有商人都唯利是图的,总还有公道和良心在。他撕掉了方笑薇的辞呈,让她回去继续工作。

　　方笑薇感激涕零,但她的麻烦并没有因为有人支持就有所减少。

　　又过了两周,方笑薇刚一上班就发现一个不知名的邮包躺在她办公桌上。她正要打开,旁边的小金看见了大叫:"等一下!"

　　方笑薇回头看他,不知他要干吗?小金冲过来说:"小心有炸弹!电视里都是这样演的!你惹到了大麻烦,别人就给你寄炸弹当礼物!快放到走廊上再说!"大家的目光全投向方笑薇这边,仿佛真的看见一个炸弹。方笑薇也吓住了,在小金的帮助下,战战兢兢地把邮包平移到走廊的地上。

　　方笑薇正准备打开,小金深吸一口气分开人群说:"都往后退!我来!"说罢不由分说地拿过了方笑薇手里的剪刀。

　　邮包打开了,并没有炸弹,躺在邮包里的是一把锋利的西瓜刀和一张纸条。一尺多长的西瓜刀已经开了刃,而那张 A4 纸上则打印着几个血红的大字:"3月3日就是你的死期!"一个恐怖的消息就这样通过这两样东西准确无误地传达给了方笑薇。

　　方笑薇呆若木鸡,周围的人都散开了,有的走之前还拍了拍方笑薇的肩膀以示安慰。小金是最后一个走的,走之前他还看了方笑薇一眼:"这没什么,有些人就喜欢这样装神弄鬼的,搞些下作的把戏,别害怕。"方笑薇勉强对他一笑,表示自己并没有放在心上,但看她那强装坚强的样子就知道,她是真的很恐惧。

　　这事不算完,方笑薇知道,只要"金田威"一天不倒,她就一天也不会安宁。她希望"金田威"马上倒掉,但内心深处还有一个微弱的声音在悄悄地说:"也许

'金田威'倒掉了你会更危险。"

　　陈克明一直不死心。他尽一切的努力想让方笑薇回心转意,想和方笑薇和好,甚至放弃了娱乐和应酬,天天按时回家吃晚饭,甚至还想陪她一起去娘家参加家庭聚会。方笑薇拒绝了。无论陈克明怎样努力,她也不肯松口给任何的承诺,更不肯再和他参加任何的应酬扮演一对恩爱夫妻。

　　陈克明告诉她,他已经开除了周晴,把她打发走了。但他没有告诉方笑薇,一个因美梦破灭而露出真面目的女人有多丑陋。

　　他悔恨万分。但方笑薇已经不感兴趣了,她明确地告诉陈克明,这和我没关系。陈克明很沮丧,狐朋狗友的聚会和声色犬马的生活再也激不起他的兴趣了,如果家里已经没有人会等你,没有人再关心你什么时候回家,没有人再为你的一切操心,你流连在外还有什么意义呢?陈克明这时才知道,他以前的生活有多幸福,而他竟然身在福中不知福,白白让手中的幸福如同指间沙一样,一点一点地溜走了,再也抓不回来了。

　　不死心的陈克明仍然不放弃努力。有一天回到家里,看见方笑薇失魂落魄地坐在沙发上,眼睛紧紧地盯着电话。他走过去,想要问她是不是还好,电话突然就响了。陈克明伸手正准备去接,就听到方笑薇尖厉的声音:"不要!不要去接!"但已经晚了,陈克明已经拿起了话筒,话筒里传来一个阴森森的声音:"你死定了!我们会用刀割断你的脖子,再把你剁成八块,扔到密云水库里喂鱼!"

　　陈克明大喝一声:"我把你他妈剁成八块喂鱼!孙子!你他妈吓唬谁呢?"

　　电话里不再答话,只传来"嘿嘿嘿"的笑声,在寂静的夜里格外瘆人。

　　陈克明骂道:"你他妈有种就当面来!"说完"啪"的一声就扔下了电话。他放下电话,问方笑薇:"这是什么时候的事?为什么不告诉我?"方笑薇眼睛呆滞:"你不要管我!这跟你没关系!"

　　陈克明火了:"怎么没关系?只要咱俩一天没离婚就一天还是夫妻!方笑薇我告诉你,只要我活着,就决不离婚!"

　　方笑薇已经无暇再去和他争论什么了,法院的传票还要她去面对,夜深人静时的恐怖电话和带血的恐吓信,都在折磨她那本来就脆弱的神经。她一阵又一阵地感到暴躁和绝望,随时处于崩溃的边缘。

陈克明看着她失魂落魄的样子,既心疼又恼火,他掏出手机,快速地按键打电话:"喂?喂?小王吗?我是陈克明,你们刘队现在在不在局里?哦,在开会啊,怪不得我刚才打他手机没人接。我有重要的事找他啊……"

奈何明月照沟渠

"薇薇啊,你赶快过来啊,不得了了!你妈晕过去了!"方笑薇刚吃完午饭,还没来得及去茶水间扔掉快餐盒,老爸带哭腔的电话就来了。她脑袋"嗡"的一声,心脏急速地往下沉去,急忙追问:"你们现在在哪里?叫救护车了没有?我马上过去!"

方笑薇一阵风冲出去,给小金丢下一句:"帮我请假!"她一边走一边指挥老爸:"爸,爸,你现在千万不要慌!告诉我,老妈晕倒在什么地方?客厅的地上?好,先不要动她,马上解开她的衣领让她能透气。救护车一会儿就到了。我也马上到!"

方笑薇赶到时救护车也到了,医护人员快速而有条不紊地插氧气管、输液,方笑薇看到母亲身上被插上了各种管子,顿时脸就白了,她顾不上问父亲发生了什么事,连忙也上了救护车,然后对老爸说:"爸,你给明崴他们打电话,然后和他们一起过来。我会随时给你打电话。你先不要着急啊,爸,不会有事的啊……"说到最后连方笑薇自己也不自信了,眼泪开始往下掉,她掉过头,哭着任医生关上救护车的门然后朝医院呼啸而去。

到了医院,方母被直接推进了急救室抢救,十几分钟以后被送到了重症监护室。方笑薇跟着东奔西跑,心如乱麻。明崴和方父都迅速赶来了,方父在语无伦次地说方母昏倒的前后经过,方笑薇从他断断续续的话里总算知道了一些情况。方母刚刚吃完午饭,正在家里休息,突然间说自己心闷,接着就昏了过去。方父急得也差点晕倒,赶紧打了急救电话又找大女儿,后来的事情就是方笑薇知道的了。

她告诉他们刚刚医生为母亲做了检查,她有严重的心律失常,又做了血管造影后,发现她心脏的三支血管的其中一支已经被完全堵塞,另外两支也已经堵塞了百分之七十,一旦另外两支血管再阻塞的话,后果将不堪设想。

明崴听完后皱着眉头说:"妈身体一向很好,怎么会突然就发了心脏病?"

方笑薇半天才说:"这都怪我,妈早就有征兆了,是我没放在心上,前几天我见她,她脸色格外红,是那种暗红的颜色,我问了妈,妈说没事,就是有点胸闷。谁知道那时就是要发作的前兆呢? 我怎么就那么傻呢,一点也不过脑子!"

正在说话间,悦薇两口子和陈克明也同时赶来了,过了一会儿,顾欣宜带着津津也来了。

方笑薇看看人不断地往医院拥来,看向明崴,示意他是怎么回事,怎么人全来了。明崴解释说因为不知道到底是个什么情况,就在来医院的路上打电话通知了所有人。方笑薇气得说不出话来,有心要抢白他两句又怕更添乱。

所有的人都到了医院,悦薇两口子、陈克明和顾欣宜都是后来的,也在问情况,于是又要叙述一遍。方笑薇没力气再说话,让明崴转述,自己改去看着老爸,顺便安慰他。津津和奇奇两个孩子在走廊里跑来跑去地玩,大人们则不时地呵斥他们要老实点。方笑薇看到更加心烦,后悔没有嘱咐明崴一句先不要惊动大家。陈克明看了这乱糟糟的情景,问:"现在怎么样了? 医生怎么说?"

方笑薇摇头说不知道,医生出来了,找一个病人家属去办公室说情况。大家都要去,陈克明说:"不要乱了,让笑薇和明崴去就行了,其他人在这里等消息。"明崴和笑薇进去了,十分钟以后出来了,说医生建议马上做心脏介入手术。

大家不懂,明崴转述说:"医生说,这手术不同于其他外科手术,只要在局部麻醉下,在患者身上某一部位开一小口,伸进一个细小的导管到病变部位,然后将堵塞的血管利用支架进行扩张，安装上支架后就可以起到治疗的目的。"

"那做这个手术得多少钱？医保能报销吗？"刘志远忽然问。

"你什么意思？难道花钱多医保不报销，我妈的命就不用救了吗？"悦薇立刻竖起眼睛问。看悦薇一副马上就要和志远吵架的样子，陈克明连忙打圆场："算了，算了，志远也就是一问，没什么别的意思，还是让明崴说吧。"

明崴无奈又开始说："……一个带药物涂层的进口支架得要五万多，加上手术费要七万多左右，医生说，照妈这情况，得做至少四个支架。医保只报销第一个支架的费用，而且还不是全部，算上住院和术后用药的费用可能要自己负担二十三万左右……"

悦薇听到这个数目也不说话了，明崴和顾欣宜互相对视了一眼，也没有说话。大家都各自有心里的小算盘，谈到钱上就都闪开了。方笑薇看着这乱哄哄的一幕，只觉得心烦意乱，这个时候，没有人能拿个主意，都是在胡说八道。

半天还是陈克明说话了："做这个手术痛苦吗？愈后怎么样？"

明崴说："医生说主要是没什么痛苦。整个治疗过程中，患者完全处于清醒状态，没有什么痛苦，而且愈后效果也很好。"

陈克明看了方笑薇一眼："那还等什么，赶快签字同意做啊！再不做，妈就没命了。不就是钱嘛？我出！给妈用上最好的药、最好的支架，找专家来做这个手术。"

听到陈克明的表态，大家仿佛都松了一口气，于是明崴和志远立刻找医生安排手术。方笑薇失望透顶，悲凉地想，这就是我苦心维护的娘家人！这就是我的兄弟姐妹！原来到了关键时刻所有人都可以靠边站着指指点点，没有一个人会说一句硬气的话，我没有一个人能指望上！

失望归失望，方笑薇还不能就这样赌气破罐子破摔，老妈还躺在 ICU 病房监护，手术完了还要护理，儿媳妇和女婿是指不上了，明崴一个大男人恐怕也帮不上什么忙，悦薇的孩子还小，这也指不上，算来算去，还得是自己出了钱又要出力。不过，自己是长女，家庭条件又是最好的，大家不指着她指着谁呢？连老爸也是一副眼巴巴听她的主意的样子，她还能怎么做？撂挑子走人？

方笑薇主意打定,对众人说:"明崴留下,悦薇两口子和欣宜都先带着孩子回家吧,留在这儿也帮不上什么忙。等有了事我再打电话叫你们。可有一样咱们事先说好了,老妈这次术后护理是个关键,我会请好护工,但要紧的事还得是自己人上,谁也别想偷懒省事,排好班轮着来,该请假请假,该轮休轮休。爸妈养大咱们不容易,就指着这时候能派上用场了。所以,轮到谁就是谁,别找这个那个借口推托!否则,别怪我不客气!"

方笑薇斩钉截铁地说完,也不管众人脸色怎么样,转身进了医生办公室,陈克明也连忙跟了进去,于是大家按方笑薇的安排各自散去。悦薇一边走一边嘀咕,志远难得一次跟她发了火:"走吧你就!还唠叨什么呀?你能比大姐安排得更好?尽说些屁话!"

奇奇听到了赶快说:"爸爸,你说'屁'了,要罚一块钱哦!"方笑薇听着这一群人边走边说、渐行渐远,直到听不到说话声才松了一口气。说实话,她现在真的很无力,无力应付医生的征求意见,无力应付老爸神经兮兮的对答,无力应付这一大家子各有心思的情况,更无力应付陈克明无孔不入的关心。是的,她用了无孔不入这个词来形容陈克明的关心。她曾经多么希望陈克明能关心一下她啊,但是现在她不需要了,他的关心却无孔不入地来了。

跟医生交流完,方笑薇出来又让明崴送老爸回家休息。等到所有人都走光了,她背靠在椅子上,闭上眼睛对陈克明说:"你走吧,这里有我就行。另外,谢谢你。"

陈克明看她万分疲惫的样子,忍不住上前想搂住她,手伸到一半就被方笑薇挡住了,她眼睛转向别处不肯看他,说:"不要。"

陈克明很快地收回手说:"你什么时候才能学会把你肩上的担子分一点给别人?你什么时候才能明白你并不是一个万能的上帝?"

方笑薇的手无力地垂下去,苦笑了一下对陈克明说:"我是想分一点给别人,可谁会接呢?你不也都看见了吗?我自己家的人还给我自己打脸,一说到钱就是那副样子。你走吧,我不想再说话了。你要是还心疼我,你就让我自己一个人待着,我实在是没力气再说话了。"

陈克明顿了一下，转身就走，走到电梯口的时候他回头对方笑薇说："我会让小夏给你们做饭送饭，有什么需要就跟小夏说吧。"

　　方笑薇不说话，仍旧闭着眼睛，只点了一下头。

对不起，我爱你

"阿司匹林抗血小板的药物，是必须吃的，而且还要终身服用。第二个，因为你母亲用的是药物洗脱支架，就是我们说的带药的支架，所以同时还要用玻利维，目前至少用一年。第三个就是他汀的药物，对冠心病的病人不在于降脂，主要是延缓动脉粥样硬化进展，目前来讲应该是长期吃的。还有一种是硝酸甘油，根据血管开通的情况要用。另外，降血压和降血糖的药也可能需要用。目前看，你母亲至少有四种药要长期服用。"医生指着处方对方笑薇说。

方笑薇拿着处方笺给医生道谢，医生又说："出院以后要注意保养，不要做剧烈运动，更不要情绪波动起伏过大。另外，术后一个月左右要复查一次，没问题的话过三个月再复查一次，以后医生会跟你们交代复查的时间。"

方笑薇答应着出来了，到了病房发现母亲已经醒来了，护士正在给她做检查，看起来气色尚好。方笑薇放下了一大半的心。

等护士忙完了，方笑薇打开手里的保温桶，准备给母亲倒滋补的汤。方母半倚在床头看着方笑薇忙活说："老大啊，我这回可给你添麻烦了。"

方笑薇倒完了汤，一边用勺子搅和一边端到老妈面前，听了她的话随即轻描淡写地说："妈，你这是什么话？自己的儿女，有什么麻烦不麻烦的？"

方母长叹了一声："说是这么说，可妈心里清楚，这个家真有什么事还得指着你，明崴、悦薇他们帮不上什么忙，到最后全都是累着你一个人，婆家是这样，娘家还是这样。别人看着你有钱，以为你活得自在，谁知道你的难处啊？你就是个劳碌的命啊。老大啊，你爸告诉我，这次的医药费都是姑爷出的？"

方笑薇一边喂她喝汤一边说："你别管这钱谁出的，横竖有人出就行。他们尽他们的孝心，你只管受用你的，养好自己的病比什么都强。"

方母还是不自在："姑爷再怎么说也是外人啊，哪有自己儿子一分钱不出，让女婿掏钱的道理啊。这明崴，唉，还真正是个扶不起的阿斗。"

方笑薇放下碗，拿纸巾给她擦了擦嘴说："妈，明崴他们也有他们的难处，再说，让克明出钱不就是我出钱吗，自己的女儿还有什么外人不外人呢？别想那么多了。你要真是心疼我，你就好好养病，早点把病养好了我就早点省心。"

方母握着女儿的手，摩挲着，慢慢地说："薇薇呀，听姑爷说，你最近上班了？那你老在我这儿要不要紧啊，别耽误了上班啊。"

方笑薇笑："不要紧，我下午三点多就下班了。现在是下班时间。"

方母高兴起来："哦，什么班这么好，三点多就下班了？工资多不多啊？"

方笑薇说："是证券公司。朋友介绍的，工资多不多有什么关系？我又不缺钱。"

方母点头："那是，那是。"过了一会儿，方母忽然又想起什么来，问方笑薇，"薇薇呀，你最近是不是跟姑爷吵架了？怎么你们来看我都不是一块来，回回克明来看我，想跟你说个话，你都带答不理的？两口子吵架要使性子使使就行了，别绷得太久了，没有台阶可下。男人都要面子，能让就让着点。我看你也不是那得理不饶人的，怎么这回我瞧着这事要闹大？"

"妈！"方笑薇语气微嗔："你说你都病成这样了还操那么多心干吗？我自己的事我心里有数，你就别管了！"

"哦。"方母动了一下身体，忽然又压低声音说："老大啊，你这回这么不依不饶的，是不是克明在外边做了什么对不起你的事……"

"妈，你再这么胡猜下去，我就走了。"方笑薇站起来，方母放弃了，躺在床上说:"行了,行了,我不管了,你们闹上天去我也不管了。"方笑薇坐回凳子,看着老太太说:"妈,你别生气。我的事我自己心里有数。你管也管不清还不如不管,落一清净。"看老妈一副心不甘情不愿的样子,又说:"到时候等你出院了,我再跟你好好说说,听听你的主意,行吗? "

方母这才点点头,说在这里待久了闷得慌,让方笑薇把电视打开看看电视。方笑薇四处找了一阵遥控器没找到,经邻床的病人指点才知道没有遥控器,想看电视要直接到墙上的液晶电视下面去按开关。

方笑薇搬个凳子垫着,摸索一阵打开了电视,电视里正在播财经新闻,主持人表情严肃地播一条消息:"……'金田威'公司2006年和2007年获得'暴利'的'萃取产品'出口,纯属子虚乌有。据有关部门调查,从大宗萃取产品出口到'金田威'利润猛增再到股价上涨,整个事情都是一场由'金田威'公司自编自导自演的骗局……"

真相终于清楚了,再清楚不过了。这场彻头彻尾的骗局终于引起了有关部门的注意,这场精致得无以复加的作假也终于得到了它应有的下场。方笑薇换了台,帮老妈找到她喜欢看的京剧,然后下了凳子,平静地忙着自己手上的事。

就在这时,方笑薇的手机响了,她走到病房外接通了电话,是《天下财经》的主编欣喜若狂的声音:"方笑薇,看到新闻了吗?我们赢了!'金田威'被强制停牌了。"

方笑薇嘴角泛起一丝微笑,对着电话说:"谢谢你。"

可是这一切只是开始。

方笑薇回到家里,打开了电视,把小武叫到客厅坐着,对他说:"小武,今天的一课是教你看上市公司年报。你先看电视,等下再跟你细说。"电视里的新闻全部是关于"金田威"作假和停牌的消息,有个别消息灵通的媒体已经转而关注刘聿铭等人因涉嫌提供虚假财务信息被拘传的事了。晚上的新闻还爆出证监会再度进驻灵武总部,"金田威"将被强制停牌30天。"金田威"涉嫌业绩造假金额高达12亿元,相关各方借此从股市大肆圈钱,而"金田威"总公司所欠银行贷款的总数高达30亿元。

方笑薇已经可以预见了它未来的道路：复市——再停牌——改为ST股——终止上市。"金田威"涉嫌造假的金额太大了，复市和资产重组也救不了它的命。

　　第二天，方笑薇刚一上班，就传来消息，"金田威"全线跌停。方笑薇的电话被各方人马打爆了，几乎所有的媒体都知道了她就是大名鼎鼎的"薇罗妮卡"，对她的兴趣空前增长，一定要约她做独家专访。她现在已自顾不暇，哪还有时间和精神去接收什么采访？于是她在不胜其烦之下不得不关机了事。秦总随即召开了全体员工大会，通报了整件事情，并重点提到了方笑薇为公司作出的贡献和付出的巨大代价，方笑薇很受感动。

　　下班的时候，方笑薇刚打开手机，陈克明的电话就到了，他急匆匆地说："你下班了吗？先不要去开车，我马上去接你！"

　　方笑薇愣了，对着电话说："我自己开车来了，不需要你接！"陈克明少有的认真和严肃："薇薇，这次你一定要听我的，你有危险！现在待在单位不要动，我来接你！我有重要的事要和你说！我打了你一天的电话，我的手机快没电了！就这样，见面再说。"

　　陈克明说完匆匆挂断电话，方笑薇对着电话"喂喂"地喊了几声没有回应，只好坐下来等他。

　　半个小时后，陈克明驾着车急匆匆地赶到了，看到方笑薇安然无恙才松了一口气，说："今天咱家门口也不知道被谁扔了一封恐吓信，说今天要对你不利，我报了案，上次拜托公安局一哥们查这事，他们回话说确实有一伙人在盯着你，准备等你落了单就下手。这伙人丧心病狂什么事都干得出来，你挡了他们的财路，他们不会放过你的。警察已经布了防，为了以防万一，你先不要自己开车了，也许他们会在你的车里放自制炸弹。"

　　性命交关，方笑薇也不得不低头，她坐进了陈克明的车子，坐到副驾驶座上，陈克明又亲自给她系上安全带，才发动车子。

　　一路上，陈克明都是小心翼翼地驾驶着，不时地从后视镜中观看后面有没有什么可疑的车子在跟踪。方笑薇看他紧张的样子，不由得说了一句："别看了，哪有你说的那么吓人?'金田威'都停牌了,他们还自顾不暇呢,哪有时间来暗杀我?"

陈克明看了她一眼:"就是它完了才可怕,你不想想,你这一举报打破了多少人的饭碗?害得多少人血本无归倾家荡产?他们恨不得把你生吃了。你还在这里说这种话!"

方笑薇听了不说话了,心里也有些害怕,原来的预感终于真实起来。原来天天希望"金田威"马上被查被停牌,现在它轰然倒地了,自己整个儿暴露在媒体和公众的视线里,居然成了最危险的一个!

陈克明看她害怕了,也不再逼她,只说:"这段时间我天天接送你吧。放在公司的车子让警察检查一下没问题再开回家。你妈也快出院了,让明崴他们接手,你就别老去医院了,等躲过了这阵风头再说。"

正说着,陈克明忽然从反光镜里发现一辆切诺基紧跟在后面,车速很快,似乎来者不善。方笑薇也发现了,夫妻俩对视了一眼都没有说话。陈克明掏出手机,却发现没电了,对方笑薇说:"发现不对就赶快报警!"

方笑薇哆哆嗦嗦地拿出手机拨号,陈克明一边开车一边注意那辆切诺基的情况,看样子它来势汹汹,在后面忽左忽右地绕,好像要撞过来的样子。前面的黄灯已经开始闪烁,陈克明见状马上加快车速,准备在红灯到来之前闯过十字路口,这时迎面的一辆路虎已经狠狠地撞了过来,它的目标很明确,就是方笑薇。原来它才是今天的主角。

陈克明本能地往右之后又猛地往左打轮,车子滑过一道S形后被路虎撞上,然后开始自由旋转,在空中翻腾。方笑薇在那一瞬间有可能此生不能再见的感觉,那些人,那些事,来不及一一回想就"砰"的一声落地。

方笑薇被弹出的安全气囊重重地击中,眼泪直流,车子的前挡风玻璃粉碎,驾驶舱狭小的空间里满是呛人的烟雾,透过烟雾,方笑薇骇然地发现,陈克明胸前的安全气囊没有爆出,他的头重重地砸在方向盘中间,满身碎玻璃,鲜血汩汩地冒出来。

方笑薇伸手去碰他,骇然地叫:"老公!"陈克明听到她的声音,艰难地抬起头说:"我没事……薇薇……对不起……我爱你!"尖厉的警笛声划破了夜空,方笑薇哭着叫他的名字,他已经听不到任何声音了,头一歪,又快速地坠入了黑暗之中。

陈克明篇之——因为你不配

"你想干什么？"周晴关上办公室的门，意外地看到陈克明沉默地推过来一张即期支票。

"请你离开公司，你的损失由我来补偿。"陈克明说。

"这就是你所谓的补偿？一张十万块的即期支票？你把我当成什么人了？"周晴抓起桌上的支票，眯起眼睛威胁地看着陈克明问。

陈克明不动声色地说："我把你当成什么人并不重要，关键是你自己以为你是什么人？不要告诉我你跟我上床以前还是处女，而我要对你的下半生负责。这样的话说出来谁都不信！你自己做过什么你自己心里最清楚，不要逼我说出来！撕破了脸大家都没好处！"

周晴哈哈大笑，扬了扬手中的支票："你以为我就是这么好上的吗？十万块就想打发我？你以为没名没分我为什么会和你在一起？"

陈克明点了根烟，依旧不动声色地说："你为什么跟我在一起我并不关心。但我早就有言在先，你我两相情愿，互相需要而已，根本不存在什么补偿不补偿。给你钱是为了让你更死心，不要再痴心妄想。"

周晴说："我痴心妄想？你倒是说说看，我怎么你了就是痴心妄想？"

陈克明再也忍不住了,他把手中的烟头狠狠地按在桌上的烟灰缸里:"你给我太太寄照片发短信不就是想要我离婚吗?你处心积虑地设计了那么多圈套不就是想和我结婚吗?好了,你如愿了,我太太已经提出了离婚了!不过我告诉你,是男人都不会娶你这种女人!我永远都不会离婚!你连我太太一根手指头都比不上,你还妄想取代她?下辈子吧!"

周晴歇斯底里地说:"我是连她一根手指头都比不上!因为我没有她那么有心计!没她那么狡诈!以退为进,这招玩得好啊!也够狠!你现在一定心里充满愧疚和悔恨吧?这么好的太太,这么善解人意的女人,你怎能失去她呢?是不是?所以你就把一切都怪罪到我头上来了?"

"我平生最恨背后下黑手的人。我可以容忍你在公司里玩一些狐假虎威的小动作,但你永远也别想在背后玩什么阴谋诡计,更别想在我身上施加什么影响力!因为你还没有那么大的魅力。"陈克明说。

"我没有魅力你为什么还要跟我上床呢?为什么还要心甘情愿地让我在公司里作威作福呢?你也不想想,如果不是为了钱,我怎么会想和你结婚?你这样一个身材发福的中年男人凭什么霸占一个比你年轻十几岁的女人?你的所谓风度和魅力吗?别自作多情了!"真面目已被揭穿,周晴再无忌惮。

面对这个撕去了伪装的女人,陈克明只觉得厌恶透顶,怀疑自己当初为什么会瞎了眼看上她,对她言听计从,导致现在要为她付出离婚代价。

陈克明尽量压住火气问:"要怎样你才肯离开?痛快点,开个价吧。在商言商,我相信任何事情都是有价码的,你说这些无非是逼我把价开得高一点而已。我不想再听废话,直接说结果吧。"

周晴走到陈克明的桌前,两手撑着桌子看向陈克明:"除了这十万的支票,我还要你把我现在住的那套房子买下来,过户到我的名下,这是我应得的。否则,我不知道我会做出些什么事来。你知道,女人一旦疯狂起来是很可怕的,也许伤害到你美丽的太太……"

"你在威胁我?"陈克明沉声说。

"这是不是威胁就看你自己怎么想了,我丑话说在前头,我跟了你这么久,为你做了那么多事，没有功劳也是有苦劳的。一套四五十万的房子又算得了什么？"周晴说。

"好，我答应你。"陈克明思索片刻，痛下决心。

周晴满意地收回手，边走边嘲弄地说："原来你是真的很爱你的太太呢，任何事只要牵涉到你太太你就无条件答应。哼，像你这种人，原来还有爱？也配谈爱？你早干吗去了？"

陈克明面无表情地说："我这种人是不配谈爱，但我不像你，你我都清楚游戏规则是什么，我遵守了游戏规则，我以为你也一样，而你却总想打破游戏规则。我从来没有给过你任何承诺，不是因为我不给，而是因为你不配！"

周晴不屑地走了。陈克明坐在圈椅上，面朝落地的大玻璃窗，周围烟雾缥缈……

小武篇之——我能请你喝咖啡吗

　　证券公司的周一早晨永远是忙碌的。方笑薇刚刚开完会回到办公室,放在桌上的手机就响了。她拿起手机看了看号码会心一笑,立刻按下接听键,耳边传来小武小心翼翼的声音:"舅妈,我能请你喝咖啡吗?"

　　方笑薇听到他的声音一笑说:"好啊,什么时候?"

　　小武在那边说:"下午等你下班了好吗?去你们公司附近的那个'星巴克'好吗?"

　　方笑薇也不问为什么,轻轻地说:"好啊,那下班了我来接你。"

　　小武连忙在那边说:"不用了! 不用了! 我自己打车过去,我会在那里等你的!"

　　方笑薇笑着说好,挂断电话后回想了一会儿,嘴角还噙着微笑,人生真是处处充满惊喜啊! 早上开会刚被秦总任命为部门主管,回到办公室就有小武请喝咖啡。

　　下午下班的时候,方笑薇跟安副总打了招呼,要提早一点出门。安副总很爽快地答应了,他现在对她客气很多,简直有求必应。到了'星巴克'的时候,方笑薇果然看到小武在东张西望,她朝小武招招手,小武很快就看到她了,迎上来叫

"舅妈"。方笑薇尾随着小武过去坐下，放下包，打量了一下环境随口问了一句："小武，怎么会突然想起请我喝咖啡？我记得你并不喜欢喝。"

小武低头说："可是你喜欢喝。"

方笑薇看出他的不自在，拍拍他的手说："无事献殷勤，非奸即盗。说吧，找我有什么事？"

小武听到这句"无事献殷勤"，笑了一下，顿时轻松了许多，他把他的大书包拿出来摆在桌上，从里面使劲地掏啊掏啊，掏出一个牛皮纸大袋子，轻轻地推过去说："舅妈，这是你借给我的五千块钱本金，我现在可以还你了！"

方笑薇有点意外，伸手拿过纸袋说："这么久了你还记得？"

小武认真地说："我当然记得，才过去半年多而已。我终于把五千块钱翻了一番了，现在炒股的钱是我自己挣到的。所以，我可以把钱还给你了。"

方笑薇有点感动，对小武说："你应该知道，我当时只是为了让你不再整天打游戏才这么做的，你还不还都无所谓。"

小武无比认真地说："不，要还的，我终于自己能挣到钱了，我不再是一个只知道逃学上网打游戏的废物。"

方笑薇握住了他的手："我从来没有当你是一个废物。"

小武低下头，很快地说："我知道。我很羡慕忧忧能有你这样的妈妈。"

方笑薇拍拍他："说这些干什么。说吧，还有什么事？"

小武扭捏了半天才说："我，我，我想上学。"

方笑薇意外地看着他："嗬，这倒是让我意外啊！还以为你就满足于现在这样炒炒股、挣挣钱呢？原来还是有想法的啊？好吧，说说看，看看我能帮你什么？"

"我想像你一样，将来在证券公司上班，忧忧说，想在证券公司上班至少要大学毕业，还要学过经济或金融才行。我连高中都没有上，忧忧临走的时候说，让我有什么事就找你。"小武结结巴巴地说，看得出来，他不擅长于求人这事。

方笑薇笑了："这丫头，就会给我安排任务。她还跟你说什么了？"

小武的头更低了，半天才挤出一句话："她还说要我替她促成她爸爸妈妈和好。我，我，我没有经验……"

方笑薇的笑容收敛了，低下头沉默了一会儿，说："小武，不管我和你舅舅发生什么事，我对你的态度不会变。大人的事你不懂就不要管了，忧忧也是，怎么会给你说这个呢？"

　　小武低头说："忧忧去美国之前找过我，她哭了，哭得很伤心，说不放心你们，让我代替她好好照顾你们，还说她的爸爸很可怜，让你原谅她爸爸，如果你们能和好就最好。"

　　方笑薇若有所思，低头不语。

陈乐忧篇之——爸爸,你真的失忆了吗

费城的冬天是与众不同的,既不会像芝加哥的冬天那样冰冻三尺,也不会像纽约那样寒风瑟瑟。偶尔一两次也会下雪,但更多的时候会经常看到蓝天白云,没有什么风,尤其是中午的时候,太阳照在身上暖暖的。陈乐忧自从半年前来到费城后,就爱上了这个四季分明的城市。

作为一个刚上大学就考上了宾西法尼亚大学交换项目的大学新鲜人,陈乐忧是优秀的;但作为一个从中国来的女孩子,陈乐忧又是寂寞的。她不快乐,国内有她的亲人、朋友、老师以及她熟悉的一切,但在费城,除了这里湿润的气候,她找不到哪里比北京好。

"YOYO,快点!今天咱们不是说好了要去 Aspen 滑雪的吗?你怎么还不动?"同室的室友 Maggie 一边忙碌地收拾着东西,一边催促那个似乎还在梦游的中国女孩。

陈乐忧从思念的伤感中清醒了,她不好意思地笑笑说:"Sorry! 我今天不舒服,我不想去了,你和其他人一起去吧,不要等我了!"

Maggie 风风火火地把收拾好的行李一把背在背上说:"是你自己放弃的哦,到时候可不要后悔! 我走了! Bye!"

陈乐忧笑了笑挥手让她走，Maggie 摇摇头，嘴里咕哝着走了，不再理会这来自神秘东方古国的漂亮女孩子。

陈乐忧看她"砰"的一声关上了门才收回视线，心里默默地想，这个时候北京应该也已经下雪了吧？爸爸妈妈在做什么呢？小武放寒假了吗？真是好想他们啊。

"叮咚，叮咚"，清脆的门铃声打断了陈乐忧的冥想，她穿上拖鞋下地去，嘴里还在说："Maggie，又忘了带什么东西？"

开门的瞬间陈乐忧还以为自己在做梦，她揉揉眼睛，看看挤在门口穿得像南极帝企鹅一样的三个人，确信是自己的爸爸妈妈以及小武没错！她惊喜地叫了一声："爸！妈！小武！你们怎么来了？"

小武率先挤进来说："你妈想你了呗。"然后陈乐忧把爸妈也领进屋问："你们怎么也不说一声就来了？还穿成这个样子？"

陈克明说："你妈说，小武放寒假了，提前带他来感受一下美国的学习环境，激发他的上进心和好学精神。其实我看她是自己想你了，又不好意思说，就打着小武的名义来说事。"

小武进了屋子就已经快速把厚厚的羽绒服脱了，这时听了陈乐忧的话才说："谁知道你这里的冬天这么暖和？电视里一播美国的节目都是厚厚的大雪，你妈怕冷，特地给我们都买了超厚的羽绒服，一路上我们都快热出毛病来了。"

方笑薇和陈克明也脱掉了厚厚的外套，陈乐忧给父母和小武都倒了水，不过美国都习惯喝凉水，陈克明只好入乡随俗，皱着眉头也喝凉水。

方笑薇四处打量着室内环境说："还不错，女儿好像没吃什么苦。"

陈克明说："女儿从小到大都是福星高照，她能吃什么苦？"

陈乐忧听到老爸的话惊喜地说："爸，你的头没事了？你能想起以前的事了？"

陈克明忙说："我的头一直都没事，记忆力也好好的，是你们一直说我有事的。"

方笑薇白了他一眼："你别问你爸，他什么都不知道。自从车祸出了院就一直是这样，时好时坏的。你说他失忆吧，他又时不时冒出一些从前的话来，你说他没事吧，偏偏他又有好些事都想不起来。要不是医生信誓旦旦地说脑震荡的后遗症会永久损失一部分记忆，我都怀疑他是故意装的，目的是把以前干的坏事全抵赖掉。"

陈克明呵呵地笑："怎么会？我一直都记得你是我老婆，忧忧是我女儿，小武是我外甥。我有一家外贸公司，我今年四十三岁，我最爱的人是我老婆。你看，我忘记什么了？所有的事都好好地装在我的脑子里。"

陈乐忧瞠目结舌，这么肉麻的话居然是从她老爸嘴里说出来的？要是放在以前，打死她也不信。她把目光看向小武，小武无所谓地说："你别问我，他每天都这样说一遍，我都习惯了。"

陈克明边喝水边说："对了，忧忧，我们在你这里待一个星期，然后我和你妈要去拉斯维加斯，小武就先寄放在你这里，等我们回去的时候再带他一起走。"

陈乐忧叫起来："不是特地来看我的吗？为什么还要扔下我们自己去玩？"又看了小武一眼，小武摊摊手说："你也看到了，我也没办法。其实他们是打算来庆祝结婚十九周年纪念的，我只不过是他们出现在这里的理由而已。"